KB266769

수학 잘하는 머리 만들기 작전

웃으며 읽다 보면 수학점수가 쑥쑥 올라가는 책
수학 잘하는 **머리** 만들기 **작전**

1판 1쇄 인쇄 | 2012년 2월 21일
1판 1쇄 발행 | 2012년 2월 27일

글 | 리위페이
그림 | 김미란
옮김 | 이정은
펴낸이 | 윤상열
기획 및 편집 | 윤인숙 김수진
본문 및 표지 디자인 | 최미순
마케팅 | 김상석
경영관리 | 박은성
펴낸곳 | 도서출판 그린북
출판등록 | 1995년 1월 4일(제10-1086호)
주소 | 서울시 마포구 망원동 471-18 두영빌딩 302호
전화 | 02-323-8030~1
팩스 | 02-323-8797
카페 | cafe.naver.com/greenbookpub
이메일 | gbook01@hanafos.com

ISBN 978-89-5588-234-6 63410

＊파손된 책은 구입하신 곳에서 바꿔 드립니다.

＊이 도서의 국립중앙도서관 출판시도서목록(CIP)은 e-CIP홈페이지(http://www.nl.go.kr/ecip)와 국가자료
공동목록시스템(http://www.nl.go.kr/kolisnet)에서 이용하실 수 있습니다. (CIP제어번호:2012000781)

수학 잘하는 머리 만들기 작전

글 | 리위페이 그림 | 김미란 옮김 | 이정은

그린·북

우선 제 책을 한국에서 출판하게 되어 아주 기쁩니다. 지난 30여 년 동안 수학과 관련된 책 100여 권을 써 왔고, 그중 13권을 한국에서 출판했습니다. 한국의 어린이 독자들도 제 책을 재미있게 읽었으면 좋겠습니다.

〈수학 잘하는 머리 만들기 작전〉에는 수많은 사람들이 등장합니다. 이들 중에는 수학을 잘하는 인물들도 있고, 수학이라면 머리를 절레절레 흔드는 인물들도 있습니다.

저는 이야기 속 주인공들의 행동, 기분을 통해 제 생각을 책에 담고자 했습니다. 이야기에 나오는 수학 문제들은 제가 수학에 대해 가지고 있는 생각을 잘 보여 주고 있습니다.

저는 언제나 수학이 재미있어야 한다고 생각합니다. 그런 저의 생각이 담긴 제 책은 딱딱한 수학 교과서와는 아주 다르게 느껴질 것입니다.

〈수학 잘하는 머리 만들기 작전〉에는 흥미로운 수학 문

제들이 많이 나옵니다. 숫자 하나 없는 계산 식에서 정답을 알아내는 것이 쉬운 일은 아닙니다. 하지만 수학의 재미는 바로 이렇게 어려운 문제를 만나 열심히 풀어 가는 과정에서 찾을 수 있습니다. 수학자들이 연구하는 문제는 일반인들이 보기에 아주 따분한 것처럼 보일지 모르지만 수학자들에게는 풀리지 않은 수학 문제를 푸는 것만큼 재미있는 일은 세상에 없습니다.

그럼 한국의 친구들도 〈수학 잘하는 머리 만들기 작전〉을 통해 풍부한 수학 지식을 얻고 재미를 만끽하기를 바랍니다.

리위페이

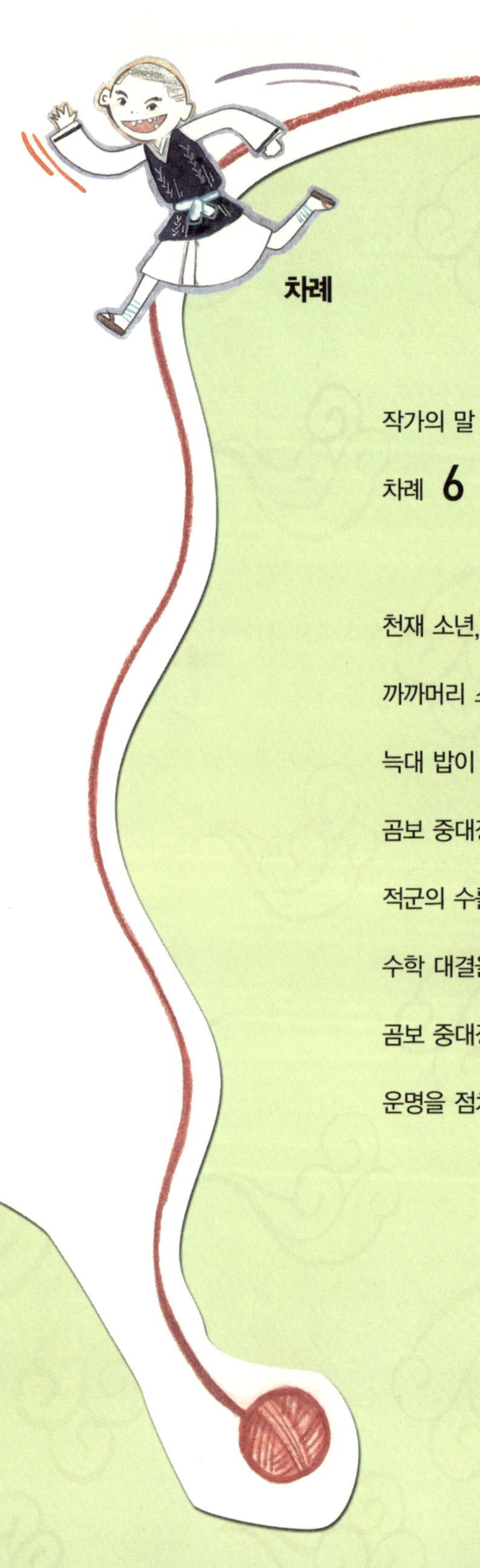

차례

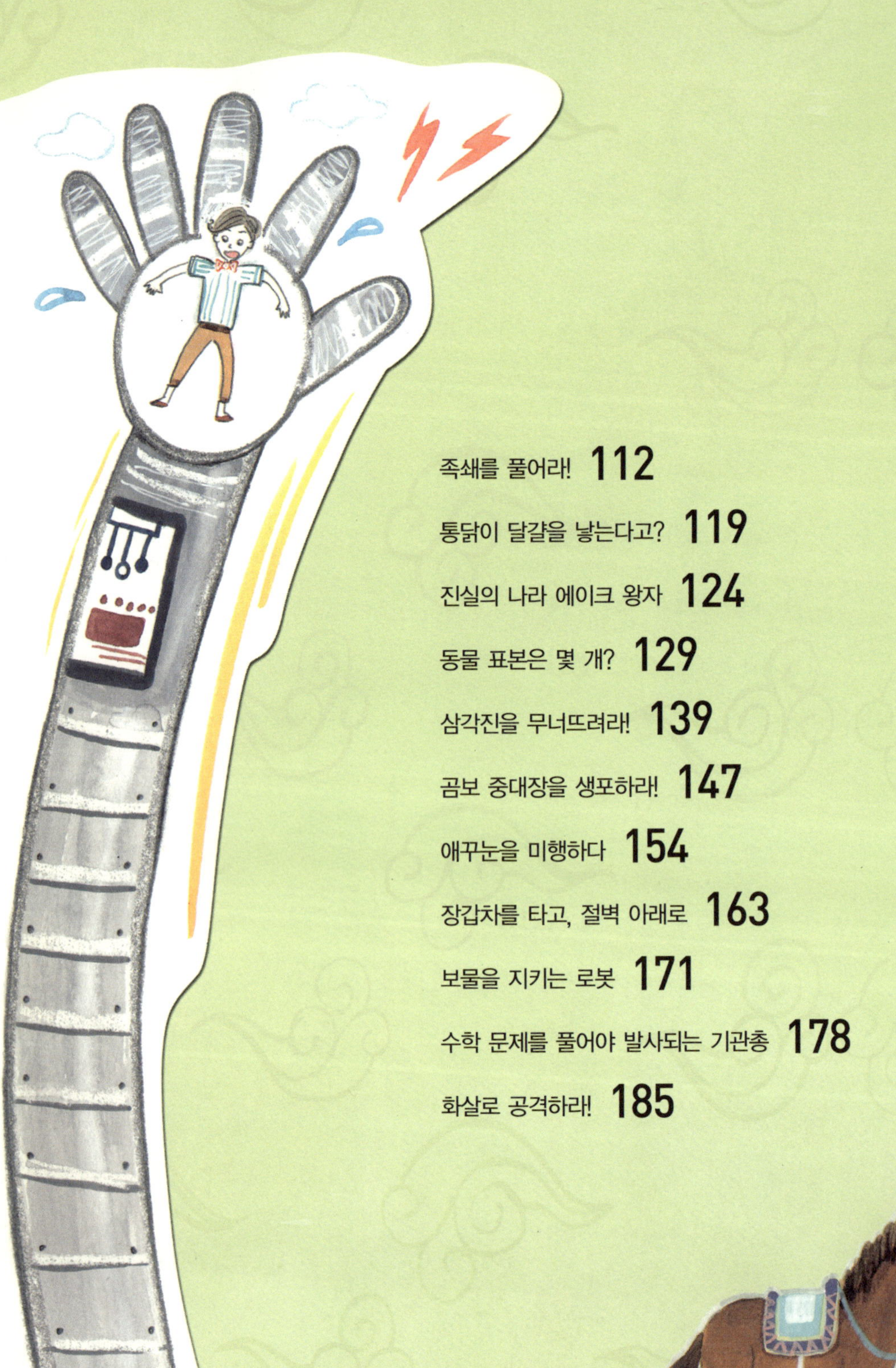

똑똑한 아이로 소문난 원규는 근방에서 모르는 사람이 없을 정도다. 특히 수학 실력이 뛰어나 전교 수학 경시 대회는 물론이고 시 경시 대회와 전국 경시 대회에서 모두 우승을 휩쓸었다. 큰 키에 호리호리한 체격을 가진 원규는 언제나 머리를 단정하게 빗고 다녔다.

수학 신동으로 유명해진 원규는 귀찮은 일이 많았다. 매일같이 몰려와 인터뷰와 촬영을 요구하는 기자들 때문에 책 읽을 시간조차 내기 어려울 지경이었다. 낮에는 공부할 시간이 거의 없었고, 저녁이 되어서야 겨우 짬을 내어 수업 시간에 배운 것을 복습할 수 있었다.

밤 열 시 반, 그날 학교에서 배운 내용을 죽 훑어본 원규가 막 잠자리에 들려고 할 때였다. 갑자기 '탕탕탕' 하고 누가 현관

문을 두드리는 소리가 났다.

"누구세요?"

원규는 문 쪽을 향해 물었다. 이렇게 늦은 시간에 누가 무슨 일로 찾아왔을까?

"기자인데요, 인터뷰하러 왔습니다. 문 좀 열어 주세요."

원규가 막 문을 열고 밖에 선 사람의 얼굴을 확인하려는 순간, 큰 자루가 원규의 머리를 덮치더니 순식간에 발끝까지 감싸 버렸다. 자루에 갇힌 원규는 빠져나오려고 몸부림을 쳤지만 소용없는 일이었다. 누군가가 원규를 자루째 들어 차에 싣고 바로 어딘가로 출발했다.

'납치된 건가?'

원규의 머릿속에 가장 먼저 떠오른 것은 납치였다. 하지만 곰곰이 생

각해 보니 뭔가 이상했다. 납치범들은 보통 돈 많은 집의 아이를 노리기 마련인데 자신의 집은 그냥 평범하기 때문이다. 부잣집 아들도 아닌 자신을 왜 납치한 것일까?

그렇게 원규가 자루 안에 갇혀 숨 막히는 시간을 보내고 있을 때, 자동차가 마침내 멈춰 섰다. 누군가가 차에서 원규를 내리는가 싶더니 다시 둘러업고 걷기 시작했다. 그렇게 한참을 걸은 뒤에야 조심스럽게 바닥에 내려놓았다.

자루가 벗겨지자 강렬한 빛에 눈이 부셨다. 원규는 눈을 비비며 주위를 살펴보았다. 머리부터 발끝까지 온통 검은 옷을 입은 건장한 남자 여러 명이 주위를 에워싸고 있었다. 방에는 램프와 카펫, 조각으로 장식된 가구가 있고, 탁자 위에는 수많은 골동품과 보석 장식품이 놓여 있었다. 굉장히 화려하고 넓은 방이었다. 긴 책상의 뒤쪽에 놓인 소파에는 키가 작고 깡마른 노인이 앉아 있었다. 금색 실로 수놓은 화려한 옷을 입고 머리에 왕관을 쓴 노인은 음흉한 미소를 띤 채 원규를 보며 연방 고개를 끄덕였다.

원규는 몸을 일으켜 똑바로 섰다.

"여기는 어디죠? 날 왜 데려온 거예요? 당신들 납치범이지?"

"허허, 납치라. 하긴, 그렇게 말할 수도 있겠구먼. 우리가 원하는 건 돈이 아니라 네 재능이지만 말이야. 허허허!"

노인은 어색하게 웃으며 소파에서 일어섰다.

"여기가 어디냐고? 알려 주지. 이곳은 세상에서 하나뿐인 '똑똑한 사람들의 나라' 다. 가장 똑똑하고 재능 있는 사람들이 모여 사는 나라지. 그리고 나는 이 나라를 다스리는 '지수왕' 이다. 똑똑한 늙은 왕이라는 뜻이야. 알겠느냐?"

"그럼 왜 날 여기로 납치해 온 거죠?"

"애야! 자꾸 납치, 납치 하지 마라. 내가 너를 특별히 우리나라로 초대한 것이니, 너는 이 나라에 온 꼬마 손님이야. 똑똑한 소년이니 당연히 우리 똑똑한 사람들의 나라에 와야지. 그렇고 말고. 내게는 원대한 계획이 있단다. 이 세상의 모든 똑똑한 사람, 특히 뛰어난 청소년들을 우리나라에 데려오는 거야. 그럼 이 똑똑한 사람들의 나라가 더욱 발전하지 않겠니?"

지수왕은 짐짓 상냥한 미소를 지으며 말했다.

"전 이 나라에서 살기 싫어요. 집으로 돌려보내 주세요."

원규가 고개를 저으며 말했다.

"집으로 돌아간다고? 그건 곤란하지. 유명하신 수학 천재님을 힘들게 모셔 왔는데 어떻게 그냥 돌려보낼 수가 있겠느냐? 우리 꼬마 손님이 먼 길을 오느라 피곤할 테니 이만 가서 쉬게 해 주어라. 편안하게 잘 모셔야 한다."

지수왕은 손을 저으며 주변을 향해 말했다.

검은 옷을 입은 남자 두 명이 원규를 다른 방으로 데려갔다. 그러고는 밖에서 문을 잠가 버렸다. 텅 빈 방 안에는 가구 하나

놓여 있지 않았다.

벽에 걸린 그림 몇 점이 원규의 눈에 들어왔다. 각 그림의 아래쪽에는 빨간색 버튼이 있었다.

원규는 뒷짐을 지고 그림들을 바라보았다. 가장 왼쪽에 걸린 그림에는 접시에 담긴 큼직한 빵과 소시지가 그려져 있었다. 그렇지 않아도 눈 깜짝할 사이에 자루에 담겨 영문도 모른 채 여기까지 오느라 원규는 몹시 배가 고프던 참이었다. 그림 속의 빵과 소시지를 보니 금세 입안에 침이 고였다. 좀 더 그림을 자세히 들여다보니 그림 아래에 작은 글씨로 무언가 적혀 있었다.

빵과 소시지를 먹으려면 버튼을 χ번 누르세요.

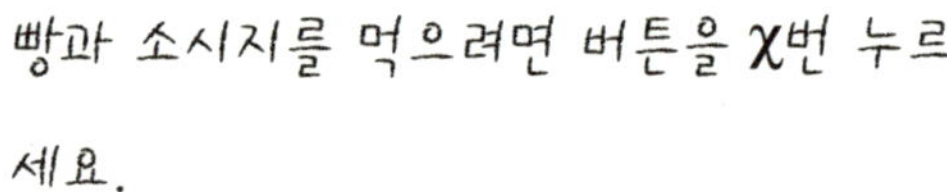

7	11
6	3

9	40
7	χ

원규는 생각했다.

χ번이 몇 번이지? 직사각형 안에 있는 숫자에서 답을 찾아야 할 것 같은데?

그러고는 아래의 두 직사각형 안에 적힌 숫자들을 자세히 살펴보았

다. 원규는 곧 첫 번째 사각형 안에 있는 네 개의 숫자 사이에 다음과 같은 규칙이 있는 것을 발견했다.

(7+11)÷6=3

그리고 규칙대로 두 번째 사각형 안의 숫자들을 계산했다.

(9+40)÷7=χ

χ=49÷7

χ=7

버튼을 일곱 번 누르자 그림이 천천히 위쪽으로 올라가더니 안쪽으로 뚫린 공간이 나타났다. 벽 안쪽에 있는 쟁반에 빵과 소시지가 놓여 있었다. 몹시 배가 고팠던 원규는 왼손에는 소시지, 오른손에는 빵을 집어 들고 허겁지겁 먹기 시작했다.

빵을 반쯤 먹자 목이 메었다. 주위를 둘러보니 찻잔 네 개가 그려진 그림이 눈에 들어왔다. 각각의 찻잔 아래에는 번호가 쓰여 있었고 맨 밑에 뭔가가 적혀 있었다.

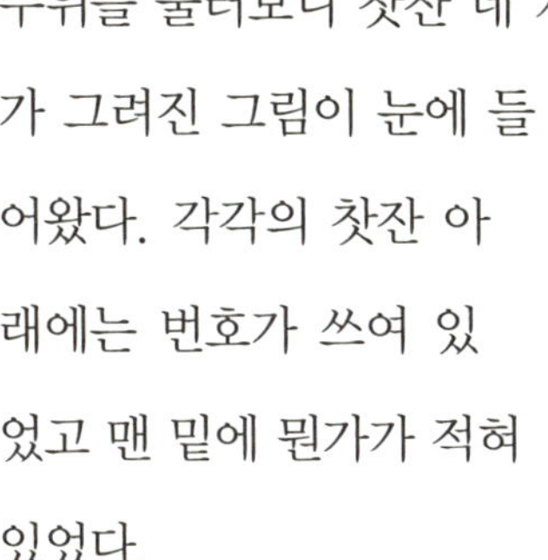

똑똑한 사람들의 나라에서 빵을 먹었다면 차도 한 잔 마셔야죠. 목이 메어 죽기 싫다면 말이에요. 그림에 있는 네 개의 찻잔 중 세 개에는 독이 들어 있고, 나머지 한 잔에는 마셔도 좋은 차가 담겨 있어요. 독이 들어 있지 않은 찻잔은 위에서 보았을 때의 모양이 다른 찻잔들과 달라요. 정답을 찾아 찻잔의 번호만큼 버튼을 누르세요.

이미 빵 때문에 목이 메어 숨도 쉬기 어려운 지경인 원규는 빨리 독이 들어 있지 않은 차를 찾아 마셔야 했다. 원규는 차분하게 생각했다. 위에서 보았을 때 가운데의 원이 바로 찻잔의 바닥을 의미하는 것 같았다. 다른 것들과 다르게 찻잔의 바닥이 좁은 편인 2번 찻잔이 바로 정답이었다.

빨간색 버튼을 두 번 누르자 그림이 위로 올라가며 그 뒤쪽에 찻잔 네 개가 보였다. 원규는 독특한 모양의 2번 찻잔을 들어 단숨에 마셨다.

배부르게 먹고, 차까지 마시고 나자 원규는 그제야 좀 정신이 들었다. 그리고 벽에 걸린 그림들을 다시 찬찬히 살펴보기 시작했다.

그중 머리가 동글동글하고 귀엽게 생긴 남자아이가 그려진 그림이 눈길을 끌었다. 빡빡 깎은 머리에 두 눈은 반쯤 감은 채

두 손을 합장한 모습이 자기가 무슨 동자승인 양 둥근 보료 위
에 앉아 있었다.

그때였다! 어디선가 숨소리가 들려왔다. 원규는 깜짝 놀랐다.
분명히 방 안에는 자기 혼자밖에 없는데 대체 어디에서 숨소리
가 들리는 것일까? 원규는 내쉬던 숨을 잠시 멈추고 귀를 기울
였다. 원규가 숨을 죽이고 있는데도 남자아이의 그림 뒤쪽에서
숨소리가 들려오고 있었다.

"그림 뒤에 사람이 있나?"

원규가 황급히 그림을 들어 올려 보았지만
그림 뒤쪽은 벽으로 막혀 있었다. 다만,
벽에 무언가가 두어 줄 적혀 있고
작은 구멍에 공이 하나 들어
있는 것이 보였다.

천장이나 바닥에 던져 튕기게 해서는 안 되고, 끈으로 공을 묶어서도 안 됩니다. 어떻게 하면 공이 손을 떠났다가 되돌아올 수 있을까요?

"흥, 이것도 문제라고? 이 정도 문제도 풀지 못하면 천하의 원규가 아니지."

원규는 공을 집어 위로 곧게 던져 올렸다. 그러자 잠시 공중에 떴던 공은 지구의 만유인력*에 의해 다시 아래로 떨어져 정확히 원규의 손 위로 돌아왔다. 원규가 공을 잡자 그림이 저절로 위로 올라가더니 작은 문 하나가 나타났다.

원규는 조심스럽게 문을 열고 안쪽으로 머리를 집어넣어 살펴보았다. 벽 너머는 이쪽 방과 같은 크기의 방이었다. 방 한가운데에 놓인 둥근 보료 위에는 그림 속의 남자아이가 앉아 있었다.

만유인력*

영국의 과학자 뉴턴이 떨어지는 사과를 관찰하다 발견한 법칙이다. 만유인력은 두 물체가 서로 끌어당기는 힘이고, 중력은 지구에 있는 물체와 지구 사이의 만유인력이다.

원규는 작은 소리로 남자아이에게 말을 걸었다.

"이봐요. 당신도 여기 끌려 왔나요?"

원규의 목소리에 깜짝 놀란 남자아이가 황급히 일어서서 공손히 허리를 굽히며 말했다.

"안녕하세요! 저는 중국에서 온 샤오이예요. 어제 지수왕이 저를 이곳으로 데려왔어요. 당신은 이름이 뭐예요?"

"저는 원규예요. 저는 대한민국에서 왔어요. 우리 둘 다 이곳에 끌려 온 것 같은데, 앞으로 서로 돕기로 해요. 우선 이쪽으로 좀 와 줄 수 있어요?"

"알았어요. 지금 갈게요."

샤오이는 작은 문을 통해 원규의 방 쪽으로 기어 나오기 시작했다. 원규는 손을 뻗어 샤오이가 쉽게 나올 수 있도록 끌어당겨 주었다. 그때였다. 갑자기 '드르륵' 소리와 함께 위에 있던 그림이 아래로 내려왔다. 그림에 가로막혀 문이 점점 좁아지는 바람에 이쪽으로 나오던 샤오이는 중간에 끼이고 말았다.

커졌다 작아졌다 크기가 변하는 문이었다. 샤오이는 작아진 문에 끼어 원규의 방으로 나올 수도, 자신이 있던 방으로 돌아갈 수도 없는 지경이 되었다. 좁아진 문이 몸을 죄어 오자 샤오이의 얼굴이 새빨개졌다. 원규가 두 손으로 문을 벌려 보려고 했지만 어림도 없었다.

그렇게 둘이 어찌할 줄 몰라 하고 있을 때 어디선가 웃음소리가 들렸다. 언제 왔는지 문 앞에서 지수왕이 킥킥대며 말했다.

"한국과 중국의 두 천재 소년이 고생이 많구먼."

그러자 잔뜩 화가 난 원규가 지수왕을 향해 소리쳤다.

"어서 문을 열어요! 샤오이가 깔려 죽는다고요!"

하지만 지수왕은 전혀 급할 것 없다는 듯 느긋하

게 대꾸했다.

"샤오이를 구하고 싶으면 내가 읊는 시를 잘 들어라. '스님들이 길을 걷다 개 한 무리를 만났네. 다리는 460개, 머리는 190개.' 스님이 몇 명이고 개가 몇 마리인지 알아맞혀 보아라."

시를 읊은 지수왕이 턱을 만지며 말했다.

"둘 중에 누가 답을 말해 보겠는가?"

원규는 지수왕의 말이 끝나기가 무섭게 대답했다.

"제가 할게요. 개의 숫자를 χ마리라고 가정하면 스님의 수는 $190-\chi$가 되죠. 개의 다리는 네 개이고, 사람의 다리는 두 개니까 이렇게 방정식을 세울 수 있어요.

$4\chi+2(190-\chi)=460$

$4\chi+380-2\chi=460$

$2\chi=80$

$\chi=40$

$190-40=150$

계산했어요! 스님은 150명, 개는 40마리예요."

그러자 지수왕은 고개를 돌려 샤오이를 향해 말했다.

"원규가 방정식으로 문제를 풀었으니 너는 사칙연산으로 식을 만들어 다시 풀어 봐라. 답을 구하면 너를 풀어 줄지 말지 한번 생각해 보도록 하지."

샤오이는 문에 꽉 끼어 힘들었지만 종이에 식을 써 내려갔다.

'$(460-190\times2)\div2=40$

$190-40=150$

그러므로 스님은 150명, 개는 40마리.'

"답은 맞았는데 나는 도통 이 식을 이해할 수가 없구나."

지수왕은 샤오이가 괴로워하는 상황을 즐기듯 트집을 잡았다.

그러자 원규가 황급히 설명하고 나섰다.

"먼저 개의 앞다리 두 개와 스님들의 다리를 합하면 190×2개가 되죠. 이때 460과 190×2의 차이가 바로 개의 뒷다리 수예요. 개는 뒷다리가 두 개씩 있으니 이 수를 2로 나누면 개가 총 몇 마리인지 알 수 있는 거예요."

두 사람의 답이 모두 정확하니 샤오이를 풀어 주지 않을 수 없었다. 지수왕이 버튼을 누르자 액자가 올라갔고 샤오이는 원규의 도움을 받아 문에서 빠져나올 수 있었다.

"우리를 이 방에 가두어 놓고 대체 어쩔 셈이죠?"

화가 난 원규가 지수왕에게 따지듯 물었다.

"중국과 한국의 똑똑한 소년 두 명을 초대한 데는 다 이유가 있지 않겠느냐? 너무 조급해하지 마라. 우리 함께 늑대 우리로 가서 놀아 볼까?"

지수왕이 씩 웃으며 말했다.

지수왕은 원규와 샤오이를 둥근 문 세 개가 있는 곳으로 데려갔다.

"여기 이 문들 가운데 하나는 마취총이 들어 있는 방이고, 하나는 늑대가 있는 방이다. 그리고 각 문에 명제가 하나씩 적혀 있는데 세 가지 중에 단 하나만 참이고 나머지 둘은 거짓이지. 자, 이제 문을 열고 늑대를 사냥하러 가 보도록. 그전에 내 하나만 일러 주지. 지금 저 안에 있는 늑대는 며칠 동안 아무것도 먹지 못했어. 만약 늑대가 있는 문을 먼저 열게 되면? 미안하지만 너희 둘 다 배고픈 늑대의 밥이 되고 말 거야. 허허……."

원규와 샤오이는 문 세 개에 적힌 명제를 읽어 보았다. 1번 문의 명제는 '마취총은 2번 문에 없다.', 2번 문에는 '마취총은 여기에 없다.' 라고 쓰여 있었다. 끝으로 3번 문에 쓰인 명제는

‘마취총은 2번 문에 있다.’였다.

샤오이는 손으로 이마를 탁 치더니 곧장 2번 문으로 달려가 문을 열고 마취총 한 자루를 꺼냈다. 샤오이가 1번 문을 열자 안은 텅 비어 있었다. 그러고 나서 샤오이는 빠르게 3번 문을 열고 문 뒤에 몸을 숨겼다. 아니나 다를까, 사나운 늑대가 안에서 뛰쳐나왔다. 샤오이는 황급히 마취총을 겨누고 방아쇠를 당겼다. 마취제가 정확히 명중했고 늑대는 바닥에 쓰러졌다.

“사격 솜씨가 굉장하군! 그런데 왜 2번 문을 열었지? 2번 문에는 분명히 마취총이 없다고 쓰여 있었는데 말이야.”

지수왕이 손뼉을 치며 말했다.

“1번 문에는 ‘마취총은 2번 문에 없다.’, 3번 문에는 ‘마취총은 2번 문에 있다.’라고 쓰여 있었으니 둘 중 하나가 참이라면 다른 한쪽은 거짓이겠죠. 그리고 세 개 중에 단 하나만 참이라고 했으니까 2번 문에 쓰인 ‘마취총은 여기에 없다.’라는 명제는 거짓이라고 판단할 수 있어요. 그러니 마취총은 2번 문에 있는 거죠.”

샤오이가 이마에 흐르는 땀을 스윽 닦으며 대답했다.

“흠, 제법이군.”

지수왕이 고개를 돌려 원규에게 말했다.

“다음은 네가 풀 차례다.”

지수왕은 원규와 샤오이를 큰 방 앞으로 데려갔다. 커다란 문에는 방의 안내도가 그려져 있었다.

"여기에는 방이 총 15개 있다. 내가 마취총 한 자루를 13개로 분리해 1번 방부터 13번 방까지 각 방에 부품을 하나씩 두고 14번 방에 마취제를 두었지. 그리고 15번 방에는 늑대가 있어."

지수왕이 손을 들어 원규를 가리키며 말했다.

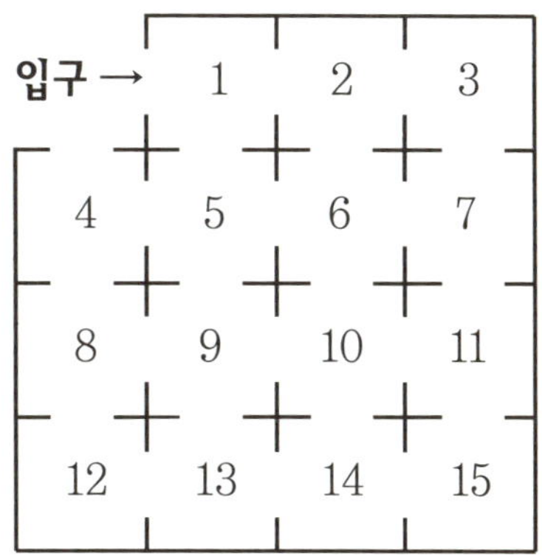

"1번 방과 4번 방 중에 어느 쪽으로 들어갈지는 네 마음대로 해라. 어차피 여기 있는 방들은 문이 여러 개니까. 다만 기억해야 할 것은 모든 방에는 단 한 번만 들어갈 수 있다는 사실이야."

설명을 마친 지수왕은 큰 소리로 누군가를 불렀다.

"곰보 중대장!"

"예, 국왕 폐하! 말씀하십시오!"

지수왕의 부름을 받고 온 사람은 키가 작고 뚱뚱한 군관이었다. 곰보처럼 얽은 얼굴에 코는 불그스름한 딸기코였다.

"여기 이 곰보 중대장은 우리 똑똑한 사람들의 나라에서 유명한 군관이다. 용맹할 뿐만 아니라 지혜로워서 좋은 작전을 잘 생각해 내지. 곰보 중대장이 원규 너를 따라다니며, 네가 방을 하나씩 지날 때마다 다시 들어가지 못하도록 문을 잠글 것이다. 너는 1번 방부터 14번 방까지 거치면서 마취총 부품 13개와 마취제까지 모두 찾은 후 조립하면 된다. 마취총을 조립할 줄 몰라도 상관없어. 곰보 중대장이 가르쳐 줄 테니까."

"그렇다! 나는 어떤 총도 분해하고 조립할 수 있지!"

곰보 중대장은 불룩한 배를 내밀며 자랑스레 말했다.

"마취총을 조립하고 마취제를 장전한 다음 15번 방의 문을 열고 늑대를 잠들게 해라. 만약 방을 하나라도 놓치면 부품이 부족해서 마취총을 조립할 수 없지. 그래도 곰보 중대장은 15번 방의 문을 열 테니 그때는 죽든 살든 맨손으로 늑대와 싸우는 수밖에 없다. 물론 모든 방을 지나는 방법은 여러 가지다. 아무거나 하나를 택하면 돼."

지수왕의 말이 끝나자 곰보 중대장이 원규의 등을 떠밀며 사납게 말했다.

"뭘 꾸물거려! 어서 가자!"

원규는 머릿속으로 이리저리 동선을 그려 보았다.

'어떤 길로 가야 하지? 먼저 가로로 통과해야 하나? 1에서 2, 다시 3을 지나 7로, 다시 7에서 6, 5를 지나 4로, 거기서 8과 9

를 지나 10과 11까지 가면? 안 돼. 그렇게 가면 12부터 14까지 갈 수가 없게 되니까……'

원규는 곧장 1번 방으로 들어갔다. 곰보 중대장이 뒤따라 들어가자 원규는 들어갔던 문으로 되돌아 나왔다. 손에는 마취총 부품 하나가 들려 있었다.

"어째서 다시 나오느냐? 겁이 나는 게로군?"

지수왕이 차갑게 웃으며 물었다.

그러나 원규는 지수왕에게 눈길조차 주지 않은 채 곰보 중대장에게 말했다.

"1번 방에 들어갔다가 나왔으니 문을 잠가야죠."

"참, 그렇지. 깜빡 잊을 뻔했군."

곰보 중대장이 서둘러 1번 방의 문 세 개를 모두 잠갔다.

원규는 다시 4번 문으로 들어가더니 이어서 5, 6, 2, 3, 7, 11, 10, 9, 8, 12, 13, 14번 문을 순서대로 지났다. 그리고 방을 지날 때마다 빠르게 마취총의 부품을 챙겨 나와 조립하며 걸었다.

원규의 걷는 속도가 점점 빨라졌을 뿐 아니라 방마다 문이 서너 개씩 있는 탓에 한 번 들어갔던 방의 모든 문을 잠가야 하는 곰보 중대장은 정신없이 바빠져서 결국 원규보다 훨씬 뒤로 처지고

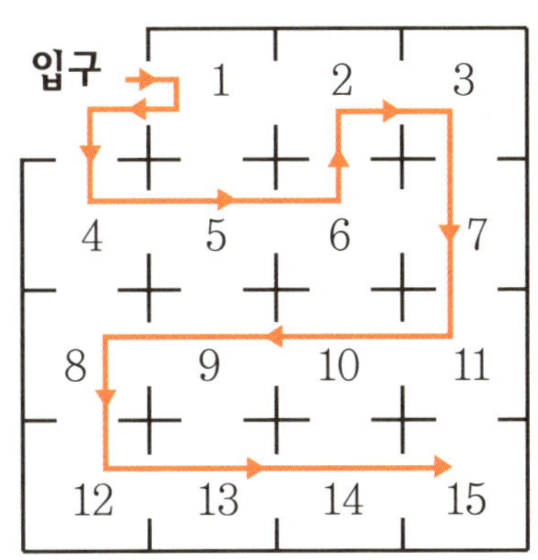

말았다.

"이봐, 천천히 좀 가자고! 기다려."

한참 뒤에서 그렇게 소리치던 곰보 중대장의 귀에 갑자기 '슉' 하는 소리가 꽂혔다. 곰보 중대장은 단숨에 15번 방으로 뛰어갔지만 늑대는 보이지 않았다. 그때, 웬 묵직한 것이 그의 어깨에 올라타더니 입을 쩍 벌리며 덤벼들었다.

"아이고, 엄마야!"

곰보 중대장은 두 다리에 힘이 풀리고 눈앞에 별이 보이더니 그만 정신을 잃고 바닥에 쓰러져 버렸다.

"하하, 용맹하고 지혜로운 곰보 중대장이 잠든 늑대에 놀라 기절했군."

원규는 곰보 중대장의 허리춤에서 열쇠를 풀어 손에 쥐고는 늑대를 끌고 돌아갔다.

"아니, 곰보 중대장은 어디에 있고 너 혼자 오느냐?"

지수왕은 원규가 혼자서 돌아오자 당황한 기색을 감추지 못했다.

"늑대가 있던 방에서 자고 있어요."

"그, 그……."

지수왕어 얼굴이 붉으락푸르락해졌다.

지수왕은 병사를 시켜 기절한 곰보 중대장을 데려왔다. 얼굴에 찬물을 끼얹고 몸을 주무르는 등 난리법석을 떤 끝에야 곰보 중대장은 겨우 깨어났다.

"잠든 늑대에 놀라 이 꼴이 되다니. 이런 변변치 못한 놈!"

두 소년 앞에서 망신을 당하다니 지수왕의 체면이 이만저만이 아니었다. 하지만 지수왕은 다시 눈을 데굴데굴 굴리며 이 얄미운 녀석들을 괴롭힐 방법을 생각해 냈다.

"여보게, 곰보 중대장! 듣자 하니 자네 연대에 똘똘한 연락병이 하나 필요하다고 하던데? 여기 이 원규가 똑똑하고 일을 잘하게 생겼으니 데려가서 부하로 쓰도록 해라."

그 말을 들은 곰보 중대장은 흔쾌히 그러겠노라고 대답했다. 원규를 골탕 먹일 좋은 기회였다.

　원규는 곰보 중대장의 부대로 함께 갔다. 그런데 가만히 보니 병사 중에 누구 하나 곰보 중대장을 좋아하는 이가 없었다. 곰보 중대장은 돈이라면 정신을 못 차리는 사람이라 병사들의 봉급을 조금씩 가로채는 것은 물론이고 급식을 줄여 부대에 할당된 식비까지 자기 몫으로 빼돌리고 있었다.

　어느 날, 곰보 중대장이 병사들의 급식을 담당하는 늙은 취사병에게 말했다.

　"비싼 밀가루를 왜 이렇게 많이 쓰는 거야? 오늘부터 매달 정해진 양만큼만 밀가루를 주겠다. 앞으로 병사들에게 줄 빵은 옥수수 가루로 만들고 밀가루는 겉에만 얇게 바르도록 해. 밀가루 빵처럼 보이도록 말이다. 밀가루가 빨리 떨어져 버리면 병사들은 굶게 되니 당신도 그들 손에 무사하지 못하겠지!"

　늙은 취사병은 앞으로 급식을 준비할 일이 걱정되었다. 안 그래도 밀가루를 아끼느라 지금껏 옥수수 가루를 섞어서 빵을 만들어 왔다. 그마저도 병사 한 명당 한 개씩밖에 돌아가지 못해 모두 부족하다고 아우성이었는데, 이제부터는 훨씬 적은 양의 밀가루로 빵을 만들라니. 어떻게 해야 할지 한숨만 나왔다.

　그 모습을 본 원규가 물었다.

　"할아버지, 무슨 일 있으세요?"

늙은 취사병이 곰보 중대장의 지시를 이야기해 주자 원규는 빙그레 미소 지으며 입을 열었다.

"좋은 방법이 있어요. 곰보 중대장이 매달 주겠다는 옥수수 가루의 양은 아직 정하지 않았죠? 앞으로는 납작한 빵 대신 둥근 빵을 만들어서 겉에 밀가루를 바르세요. 빵은 최대한 둥글게 만들수록, 그리고 밀가루는 최대한 얇게 바를수록 좋아요. 제가 빵 만드는 것을 도와 드릴게요."

그날부터 병사들은 겉은 하얗고 속은 노란 빵을 먹게 되었다. 모두 둥근 빵이 지금까지 먹던 납작한 빵보다 훨씬 양이 많아 속이 든든하다며 좋아했다.

그렇게 한 달이 지났다. 밀가루는 정확히 중대장에게서 배급받은 만큼만 사용했다. 반면에 한 달 동안 사용한 옥수수 가루의 양은 상당했고, 병사들은 하나같이 통통하게 살이 올랐다.

한편, 급식비를 계산해 본 곰보 중대장은 깜짝 놀랐다. 밀가루는 정해준 양에서 조금 남기까지 했지만 옥수수 가루는 500킬로그램이나 넘게 썼기 때문이었다. 급식비를 줄이기는커녕 적지 않은 돈을 더 쓴 셈이 되고 말았다.

"대체 무슨 짓을 한 거야! 옥수수 가루를 이렇게나 많이 쓰다니!"

화가 난 곰보 중대장은 늙은 취사병을 불러 소리를 질렀다.

그러자 늙은 취사병은 두 손을 휘휘 내저으며 말했다.

"밀가루를 아끼라고만 하셨지, 옥수수 가루를 얼마만큼 쓰라는 말씀은 없지 않으셨습니까?"

그 말을 듣자 곰보 중대장은 말문이 막혔다. 스스로 제 발등을 찍은 셈이었다.

원규가 둥근 빵을 만들자고 한 것을 안 병사들은 원규에게 몰려가 어찌 된 영문인지 물었다.

"설명해 드리기 전에 먼저 질문부터 하나 할게요. 철판 하나로 뚜껑 달린 용기를 만들려고 할 때, 어떤 모양으로 만들어야 물을 가장 많이 담을 수 있을까요?"

그러자 사각형이니, 원통이니 온갖 답이 나왔다. 하지만 원규는 고개를 저으며 말했다.

"모두 틀렸어요. 수학 책에는 둥근 구 모양으로 만들어야 한다고 쓰여 있거든요. 곰보 중대장이 빵의 겉에만 밀가루를 얇게 바르라고 했잖아요? 이때 빵을 둥글게 만들면 겉에 바르는 밀가루의 양은 그대로 유지하면서 안에 옥수수 가루를 많이 넣을 수 있게 되는 거죠."

설명을 들은 병사들은 원규가 수학을 허투루 배운 것이 아니라며 모두 고개를 끄덕였다.

소문은 항상 밖으로 새어 나가기 마련이다. 원규가 둥근 빵을 만들어 곰보 중대장을 골탕 먹였다는 이야기는 병사들 사이에 빠르게 퍼져 결국 곰보 중대장의 귀에까지 들어갔다. 곰보 중대장은 이를 부드득 갈며 반드시 혼쭐을 내 주고야 말겠다고 다짐했다.

어느 날 오후, 원규가 늙은 취사병을 도와 병사들의 저녁 식사를 준비할 때였다. 곰보 중대장이 빈 병 하나를 들고 와 원규를 불렀다.

"어이, 연락병. 가서 술 좀 사 와라."

"얼마나요?"

대답은 했지만 원규는 곰보 중대장의 술 심부름 따위는 하고 싶지 않았다.

"네 수학 실력이 제법이라고 하던데 어디 한번 계산해 봐라. 이 술병의 $\frac{2}{5}$ 와 500밀리리터의 $\frac{2}{5}$ 의 $\frac{2}{5}$ 의 합만큼 술을 사 와. 여기서 100밀리리터라도 많거나 적으면 넌 오늘 내 손에 무사하지 못할 것이다."

그렇게 으름장을 놓은 곰보 중대장은 몸을 홱 돌려 가 버렸다. 그의 시퍼런 서슬에 옆에 있던 병사들은 진땀을 흘렸지만 정작 원규는 아무렇지도 않다는 듯 술병을 들고 나갔다.

잠시 후 돌아온 원규가 목청 높여 곰보 중대장을 불렀다.

"중대장님, 중대장님! 술 사 왔습니다!"

곰보 중대장은 원규가 돌아왔다는 소리에 깜짝 놀랐다. 이렇게 빨리 돌아올 줄은 몰랐던 것이다.

"문제는 풀었나? 얼마나 사 왔지?"

원규가 웃으며 대답했다.

"중대장님, 생각보다 술을 많이 안 드시나 봐요. 겨우 100밀리리터만 사 오라고 하시다니요."

"뭐? 100밀리리터?"

곰보 중대장이 화를 내며 말했다.

"너 이 녀석, 오는 길에 몰래 버린 것 아냐?"

원규가 고개를 끄덕였다.

"맞아요. 도중에 크게 한 번 따라 버렸죠."

그 대답에 화가 머리끝까지 난 곰보 중대장이 발을 쾅 구르며 소리쳤다.

"네 이놈! 감히 내 술을 버리다니 간이 배 밖으로 나왔구나. 이봐, 거기 누구 없어? 당장 원규 이놈을 묶어라!"

"잠깐만요. 진정하세요."

원규는 두 손을 휘휘 저으며 말했다.

"전 중대장님의 지시대로 술을 사고 또 한 번 버렸을 뿐입니다. 믿지 못하겠으면 제가 지금 다시 계산해 보일게요. 만약 조금이라도 오차가 있다면 그때는 어떤 벌이라도 받겠습니다."

그러자 곰보 중대장이 오른손을 들어 원규의 코를 가리키며 사납게 외쳤다.

"그렇다면 빨리 계산해 봐!"

"중대장님이 사오라고 하신 술의 양은 술병 크기의 $\frac{2}{5}$와 500밀리리터의 $\frac{2}{5}$의 $\frac{2}{5}$를 더한 만큼이었어요. 우선 500밀리리터의 $\frac{2}{5}$의 $\frac{2}{5}$는 $\frac{2}{5} \times \frac{2}{5} = \frac{4}{25}$, 즉 500밀리리터의 $\frac{4}{25}$이고 이것은 전체 술의 양의 $1 - \frac{2}{5} = \frac{3}{5}$이 되겠죠. 그러니까 중대장님이 원하시는 술의 양은 $(500 \times \frac{4}{25}) \div \frac{3}{5}$, 즉 500밀리리터의 $\frac{4}{15}$이니까 130밀리리터쯤 돼요."

곰보 중대장이 추궁하듯 말을 이었다.

"그럼 130밀리리터를 사 왔어야지 어째서 100밀리리터만 가져온 거냐? 왜 도중에 30밀리리터를 버린 거지?"

"그것도 중대장님 말씀을 따르느라 그랬죠!"

원규가 전혀 당황하지 않고 대꾸했다.

"저한테 '단 100밀리리터라도 많거나 적으면 안 된다.' 라고 하셨잖아요? 그 말은 정확히 100밀리리터 단위로 떨어지게 사

오라는 뜻인데, 200밀리리터를 사려니 돈이 모자라고 또 130밀리리터 그대로 가져가자니 단위가 안 맞는다고 꾸중하실까 봐 도중에 억지로 30밀리리터를 따라 버린 거예요.”

약이 오를 대로 오른 곰보 중대장의 얼굴이 붉으락푸르락해졌다.

“너, 이 쥐방울만 한 녀석이 감히 내 술을 버려? 내 반드시 네가 버린 술만큼 되갚아 주마. 미리 각오해 두는 게 좋을 거다!”

하지만 원규는 술병을 들고 나가는 곰보 중대장의 뒤통수를 향해 혀를 내밀어 보이며 말했다.

“흥, 누가 각오해야 할지는 두고 보면 알겠죠!”

어느 날 새벽, 원규는 고막이 찢어질 듯한 대포 소리에 잠이 깼다.

"무슨 일이지?"

밖으로 머리를 내밀어 주위를 둘러본 원규는 깜짝 놀랐다. 적군이 부대 전체를 포위하고 있었던 것이다.

한참 동안 격렬한 전투를 치른 끝에 원규의 부대는 겨우 적군을 물리칠 수 있었다.

"저놈들이 이대로 물러설 것 같지 않아. 아마 다시 공격해 올 것이다. 하지만 그리 쉽지는 않을 것이야. 이 곰보 중대장님이 어디 그렇게 호락호락 당할 것 같으냐!"

곰보 중대장이 말했다.

"중대장님, 적군이 사방에서 공격해 오니 우선 정찰병을 내

보내 적군의 상황을 살펴보는 것이 좋을 것 같습니다.”

1소대장이 말했다.

“그게 좋겠군. 헌데 누구를 보낸다? 옳지! 원규를 보내는 게 좋겠어.”

“중대장님, 원규가 똑똑한 것은 사실이나 아직 어린아이입니다. 게다가 정찰은 특히 위험한 임무이지 않습니까?”

곰보 중대장의 말에 1소대장이 대꾸했다.

“녀석은 몸집이 작아서 적들의 눈에 잘 띄지 않을 테니 정찰병으로는 그만 아니냐? 원규야! 원규야, 어디 있느냐?”

“예, 여기 있습니다.”

원규는 대답하면서 이쪽으로 달려왔다. 곰보 중대장은 원규의 코끝을 가리키며 명령을 내렸다.

“적진으로 들어가 병력과 무기가 얼마나 되는지 알아보고 와라. 30분 안에 정확하게 모두 알아내야 한다. 만약 시간을 지키지 못하면 규율에 따라 처벌하겠다.”

그때 늙은 취사병이 달려 나와 곰보 중대장에게 매달렸다.

“30분 안에 사방에 깔린 적을 모두 염탐하라니요.

거기까지 갔다 오는 데만 30분이 넘게 걸린다고요.”

“할아버지, 괜찮아요. 할 수 있으니 걱정하지 마세요.”

원규는 그렇게 말하고 숲 속으로 뛰어들어 갔다. 자주 이 근처에 와서 놀았던 원규는 이미 근방의 지리를 훤히 꿰고 있었다. 그 덕분에 곧장 적의 진영에 접근할 수 있었다. 원규는 수풀 속에 엎드려 적진을 살펴보았다. 여기저기 흩어져 점심 식사가 한창인 적군은 언뜻 보아도 상당한 숫자였다.

“이제 어쩌지?”

원규는 재빨리 머리를 굴려 다음 단계에 해야 할 행동을 생각해 냈다. 포로를 한 명 잡으면 사방에 흩어진 적의 상황을 짧은 시간에 정확히 알아낼 수 있을 것이다.

그렇게 원규가 한창 작전을 짜고 있을 때, 키가 작고 뚱뚱한 병사가 나팔을 들고 트림을 하며 이쪽으로 걸어오는 것이 보였다. 원규는 조용히 바닥에 엎드린 채 뚱보 병사가 좀 더 가까이 다가오기를 기다렸다가 힘껏 그의 다리를 잡아당겼다. 뚱보 병사가 꽈당 넘어지자 원규는 재빨리 그의 몸 위에 올라탔다.

“넌 어떤 직책을 맡고 있지? 너희 군은 총

몇 명이냐? 무기는 어떤 것을 가지고 있어? 빨리 말해!"

그러자 또 한 번 '꺽' 하고 트림을 한 뚱보 병사가 대꾸했다.

"난 신호병이야. 나팔 부는 것 외에 다른 건 아무것도 몰라."

원규는 뚱보 신호병을 곰보 중대장의 부대로 끌고 갔다. 원규가 돌아왔다는 말을 듣고 곰보 중대장이 와서 물었다.

"원규군, 적군의 병력과 조직을 알아냈나?"

원규는 뚱보 신호병에게 말했다.

"어서 말해!"

겁에 질린 뚱보 신호병이 덜덜 떨면서 입을 열었다.

"어제 우리 연대장님이 말하는 걸 들었습니다. 전체 연대 $\frac{1}{2}$ 의 병력은 정면에서, $\frac{1}{4}$ 은 뒤쪽에서 공격하고, 또 $\frac{1}{6}$ 은 왼쪽에서, $\frac{1}{12}$ 은 오른쪽에서 진격한다고요."

곰보 중대장이 고함을 쳤다.

"내가 원하는 건 구체적인 적군의 숫자다! 몇 분의 몇 어쩌고 하는 게 다 무슨 소용이야!"

그러자 1소대장이 말했다.

"저 병사가 말한 내용을 바탕으로 적군의 총 인원을 계산할 수 있을 것 같은데요."

"그걸 누가 계산해 낸단 말이냐?"

곰보 중대장의 물음에 병사들은 서로 얼굴만 쳐다볼 뿐 누구 하나 나서는 이가 없었다. 화가 난 곰보 중대장이 막 소리를 지르려는 순간에 원규가 말했다.

"제가 해 볼게요. 그전에 네 가지 분수의 합이 1이 되는지 먼저 확인해야 해요. 저 뚱보가 거짓말을 하는지도 모르니까요."

그렇게 말하고 바닥에 식을 쓰며 계산했다.

$$\frac{1}{2} + \frac{1}{4} + \frac{1}{6} + \frac{1}{12} = \frac{6+3+2+1}{12} = 1$$

"정확히 1이 나오네요. 이봐, 뚱보! 너희 연대는 총 몇 명이지?"

뚱보 신호병이 고개를 저으며 말했다.

"연대 병사가 총 몇 명인지는 잘 몰라. 내가 아는 건 한 연대가 세 개의 대대로 이루어지고, 한 대대는 다시 세 개의 중대로 나뉘고, 중대는 다시 세 개의 소대로 나뉘고, 한 소대에는 세 개의 분대가 있다는 것뿐인걸. 한 분대의 인원은 12명이고 말이야."

곰보 중대장이 고개를 설레설레 흔들었다.

"이 뚱보놈은 정말 바보로군."

"똑똑한 사람 같으면 사실대로 말하겠어요? 제가 적군의 숫자를 계산해 볼게요."

원규가 다시 바닥에 식을 적기 시작했다.

$12 \times 3 \times 3 \times 3 \times 3 = 972$(명)

"총 972명이에요."

그 말을 들은 곰보 중대장이 고개를 끄덕였다.

"음, 한 연대가 보통 1천 명 정도 되니까. 그럼 각 방향에 병사가 몇 명씩 배치되어 있는지 계산해 봐라."

원규는 빠르게 네 개의 숫자를 구했다.

$$972 \times \frac{1}{2} = 486(명)$$

$$972 \times \frac{1}{4} = 243(명)$$

$$972 \times \frac{1}{6} = 162(명)$$

$$972 \times \frac{1}{12} = 81(명)$$

"정면에 486명, 뒤쪽에 243명, 왼쪽과 오른쪽에 각각 162명과 81명이에요."

적군의 숫자와 배치 상황을 들은 곰보 중대장은 등 뒤로 식은땀을 흘리며 중얼거렸다.

"우리 중대의 병사는 1백 명도 채 안 되는데, 적군은 우리의 열 배나 되는군. 게다가 사방에서 포위하고 있으니 이걸 어쩐다?"

그때 원규가 옆에서 큰 소리로 곰보 중대장을 불렀다.

"중대장님, 그럼 전 임무 완수한 거죠?"

갑작스러운 말에 깜짝 놀란 곰보 중대장은 순간 어깨를 움찔했지만 곧 아무렇지 않은 척 목청을 높였다.

"임무를 완수했다고? 적군이 어떤 무기를 가지고 있는지는 제대로 알아낸 거냐? 10분 안에 적군의 무기 보유 상황을 낱낱

이 알아내! 그렇지 않으면 가만두지 않겠다.”

“쳇!”

원규는 뚱보 신호병을 데리고 조용한 구석으로 가서는 목소리를 낮춰 물었다.

“너희 연대에 대포와 총이 몇 개나 있는지 알려 줄 수 있어?”

“그, 그건 말할 수 없어. 연대장님이 대포와 총에 대해 말하는 사람은 바로 처벌하겠다고 하셨단 말이야.”

뚱보 신호병은 잔뜩 겁에 질린 얼굴로 대답했다.

원규는 눈을 한 번 굴린 다음 입을 열었다.

“그럼 이렇게 하면 어때? 무기의 숫자를 직접 묻지는 않을 테니까 계산 하나만 해 줘. 제대로 해 주면 취사병 할아버지한테 말해서 삶은 달걀 세 개를 가져다 줄게.”

뚱보 신호병은 삶은 달걀이라는 소리에 흔쾌히 고개를 끄덕였다.

“각 중대가 가진 대포의 숫자에 100을 곱하고 다시 100을 빼. 그리고 중대에 있는 총의 수를 더한 다음 다시 11을 빼면 총 얼마가 나오지?”

원규의 물음에 뚱보 신호병은 한참 계산한 끝에 답을 말했다.

“414야.”

그러자 원규가 말했다.

“좋아. 여기서 기다려. 달걀을 가져다 줄 테니까.”

"알았어. 가장 큰 걸로 세 개 가져다 줘야 해!"

뚱보 신호병은 금방이라도 군침이 뚝뚝 떨어질 것 같은 얼굴이었다.

원규는 부대로 달려가 곰보 중대장에게 말했다.

"뚱보 신호병이 414라고 했으니 적은 1개 중대마다 각각 대포 5개, 총 25자루를 가지고 있어요."

곰보 중대장은 원규가 대체 무슨 소리를 하는지 영문을 몰라 미간을 찌푸리며 되물었다.

"414가 뭐 어쨌다는 거야? 대포가 5개에 총이 25자루라는 건 또 무슨 소리고?"

원규는 뚱보 신호병이 계산한 이야기를 해 주었다.

"그 녀석이 414를 계산해 냈다는 건 알겠다. 그런데 대포가 5개, 총이 25자루라는 건 어떻게 알 수 있지?"

1소대장이 물었다.

"제가 뚱보에게 시킨 계산은 일종의 눈속임이었거든요."

원규가 설명하기 시작했다.

"각 중대에 배치된 대포 숫자가 10개를 넘지는 않을 거라고 생각했어요. 보통 한 자리 수이니까요. 그 숫자에 100을 곱하면 대포의 수가 백의 자리로 가겠죠. 예를 들어 대포가 5개라고 하면 5×100=500하는 식으로요. 이 숫자 5를 백 단위로 만들고 나서 100을 빼면 400이 되죠. 원래의 숫자 5보다 1만큼 줄어드는 거예요. 거기에 총의 숫자인 25를 더하고 다시 11을 빼면 414가 나와요. 그래서 대포는 5개, 총은 25자루라는 걸 알아낸 거예요.”

1소대장이 다시 물었다.

“100이나 11을 빼지 않았으면 간단하게 알아낼 수 있었을 게 아니냐?”

원규가 대답했다.

“그럼 525가 되잖아요. 뚱보가 아무리 바보라도 그 정도는 눈치챘을 거예요.”

한편, 곰보 중대장은 적이 가진 무기가 엄청나다는 사실에 깜짝 놀랐다. 그때였다. 밖에서 대포 소리가 들리는가 싶더니 곧 적군이 공격해 오기 시작했다. 그러자 갑자기 곰보 중대장이 두 손으로 배를 움켜쥐고는 바닥을 데굴데굴 굴렀다.

부대가 포위되자 곰보 중대장은 배를 움켜쥔 채 말했다.

"내가 갑자기 몸이 안 좋아 부대를 지휘할 수 없게 되었다. 모든 병사는 스스로 살 길을 찾도록!"

말을 마친 곰보 중대장은 배를 감싸고 "아이고, 아이고!" 하며 바닥을 굴렀다. 소대장들이 긴급회의를 열어 원규가 중대를 이끌어 포위를 뚫게 하자는 데 만장일치로 찬성했다. 원규도 흔쾌히 승낙했다.

원규는 우선 중대에 속한 병사들의 수부터 확인했다. 뚱보 신호병을 포함해 모두 99명이었다. 원규는 정면과 뒤쪽에 각각 병사 네 명씩 배치하고, 두 명은 뚱보 신호병을 데리고 오른쪽으로 가게 했다. 그리고 자신은 나머지 88명과 함께 왼쪽에서 공격하며 적군과 전면전을 벌인다는 작전이었다. 왼쪽에 있는 적군은 162명으로, 원규의 부대보다 두 배 가까이 많은 병력이었다. 힘겨운 전투가 될 것이 분명했다.

원규가 병사를 이끌고 왼쪽에서 공격해 올 것이라는 사실을 알아차린 적군의 대장은 즉시 명령을 내렸다. 정면과 뒤쪽, 오른쪽에 있는 병사들을 모두 왼쪽으로 모아서 철통처럼 포위하라는 것이었다.

한편, 정면과 뒤쪽으로 간 병사들은 지뢰를 설치하기 시작했다. 원규가 병사를 네 명씩 보낸 이유가 바로 그것이었다. 지뢰가 잇따라 폭발하자 적군은 더 이상 공격해 올 엄두를 내지 못했다. 그때 긴급 집합을 알리는 나팔 소리가 울렸다. 오른쪽에 있던 적군 81명은 뚱보 신호병의 나팔 소리가 울린 곳으로 달려갔다. 그러자 포위망의 오른쪽이 뚫렸다. 왼쪽에 있는 적군을 향해 공격하던 원규와 병사들은 적들이 허겁지겁 도망가는 틈을 타 서둘러 오른쪽으로 후퇴했다.

그렇게 막 중대 본부를 지나던 원규는 아직도 바닥에 앉아 있는 곰보 중대장을 발견하고 소리쳤다.

"중대장님, 어서 저와 함께 오른쪽으로 탈출하세요!"

그러나 곰보 중대장은 여전히 아픈 척하느라 바빠 보였다. 사방에서 총소리가 들려오고 더 이상 이런저런 말을 할 틈이 없자 병사들이 곰보 중대장을 부축하여 오른쪽으로 달려갔다.

원규는 다시 병사를 보내 부대 근처에 지뢰 36개를 설치하게 하고 본부에서 철수했다. 뚱보 신호병이 오른쪽에 있던 적군을 숲 속으로 유인했기 때문에 원규의 부대는 적과 마주치지 않고 쉽게 포위망을 빠져나올 수 있었다.

곰보 중대장은 부대가 이미 포위에서 벗어났다는 것을 알아차리고 병사들에게 말했다.

"몸이 좀 괜찮아졌다. 이제 원규는 물러나 있어라. 지금부터 내가 직접 부대를 지휘하겠다."

그러나 병사들은 똑똑한 원규가 계속 부대를 이끌어야 한다며 곰보 중대장의 말을 듣지 않았다.

그러자 잔뜩 화가 난 곰보 중대장이 소리쳤다.

"내 명령을 무시하겠다, 이거냐? 나는 국왕이 임명한 중대장이다. 내가 원규 저 녀석보다 못한 게 뭐냐! 믿지 못하겠거든 한번 겨루어 봐도 좋다."

곰보 중대장은 잠시 생각하더니 곧 자기 허벅지를 철썩 내려치며 말했다.

"옳지! 어렸을 때 할머니가 내 주신 수학 문제가 기억나는군. 지금까지도 풀지 못한 몹시 어려운 문제야. 내가 문제를 낼 테니 어디 한번 풀어 봐라. 옛날에 절이 하나 있었는데, 그곳에는 스님 100명이 살았다. 그 절은 끼니마다 떡을 100개 만들어 먹었지. 덩치가 큰 스님들은 한 명이 떡을 다섯 개씩 먹고,

키가 작은 스님들은 한 명이 떡을 세 개씩 먹고, 어린 동자승들은 세 명이 떡 한 개를 함께 먹었지. 이렇게 나누면 정확히 떡이 100개 필요했다. 자, 이 절에 있는 덩치 큰 스님, 키 작은 스님, 그리고 동자승은 각각 몇 명일까?"

원규는 모든 병사가 지켜보는 가운데 식을 쓰면서 설명하기 시작했다.

"문제에 나오는 조건에 따라 두 가지 등식을 세울 수 있어. 덩치 큰 스님+키 작은 스님+동자승=100. 이 등식의 뜻은 세 그룹의 스님들이 총 100명이라는 뜻이죠. 또 한 식은, 덩치 큰 스님$\times 5$+키 작은 스님$\times 3$+동자승$\times \frac{1}{3}$=100. 두 번째 등식은 세 그룹의 스님들이 먹는 떡의 수가 총 100개라는 뜻이고요."

곰보 중대장이 의아해하며 물었다.

"두 가지 등식을 세운 다음에는 뭘 어쩌겠다는 거냐?"

"동자승의 숫자는 3의 배수예요. 예를 들어 동자승이 84명 있다고 가정하면 떡이 총 28개 필요한 거죠. 100에서 28을 빼면 72가 나오고, 72를 둘로 나누었을 때 한쪽은 5로, 다른 한쪽은 3으로 나누어 떨어져야겠죠. 그럼 72를 60과 12로 나눠야겠네요. 그러니까 덩치 큰 스님은 12명, 키 작은 스님은 4명이에요."

곰보 중대장이 고개를 끄덕였다.

"할머니가 말씀하신 숫자와 같군."

원규가 말을 이었다.

"사실 정답은 두 개가 더 있어요. 덩치 큰 스님 4명, 키 작은 스님 18명, 동자승 78명도 답이고, 8명, 11명, 81명도 답이죠. 그럼 이제 제가 문제를 낼 차례죠? 이건 취사병 할아버지가 내 주셨던 문제예요."

곰보 중대장은 이리저리 머리를 굴려 보았지만 문제를 풀지 못하고 쩔쩔맸다. 옆에서 지켜보던 늙은 취사병이 답답함을 참지 못하고 끼어들었다.

"낮에는 1.8미터 올라가고 밤에는 0.9미터 내려간다고 했으니 달팽이는 하루에 총 0.9미터를 올라가는 셈이지요. 사흘 후면 0.9×3=2.7(미터), 남은 벽의 길이는 4-2.7=1.3(미터), 달팽이가 낮에 1.8미터 올라가니 나흘 낮에 2.7+1.8=4.5(미터)를 가요. 그러므로 나흘 만에 끝까지 올라갈 수 있어요. 이건 꼬마들에게 내는 수학 문제인데, 이것도 풀지 못하시다니요. 허허……."

늙은 취사병의 말에 금세 얼굴이 붉으락푸르락해진 곰보 중대장이 한바탕 화를 내려던 순간이었다. 무슨 소리를 들었는지 곰보 중대장은 또 두 팔로 배를 움켜쥐고 바닥에 털썩 주저앉았다. 아니나 다를까, 뒤쪽에서 적군의 총소리가 들려오기 시작했다.

원규와 곰보 중대장이 수학 실력을 겨루는 사이 적군은 바로 코앞까지 와 있었다. 곰보 중대장은 상황이 심상치 않은 것을 눈치채고 다시 배가 아픈 척 꾀병을 부렸지만 이제는 아무도 그의 말을 믿지 않았다.

원규가 중대 전체에 전투 준비를 명령했다.

"1소대장님은 병사의 $\frac{1}{9}$을 데리고 정면에서 공격하시고, 2소대장님은 같은 수의 병사를 데리고 왼쪽으로 철수하세요. 3소대장님도 마찬가지로 병사의 $\frac{1}{9}$을 데리고 뒤쪽으로 빠지시고요. 나머지 병사들은 저와 함께 숲에 숨어서 적군을 기다리세요."

곰보 중대장이 옆에 있는 병사에게 작은 소리로 물었다.

"병사의 $\frac{1}{9}$이 몇 명이냐?"

병사도 속삭이듯 대답했다.

“중대 전체가 99명이니 $\frac{1}{9}$ 이면 11명이지요.”

곰보 중대장은 고개를 갸웃거렸다. 33명을 앞서 보내고 자신은 66명과 함께 남아 적군을 기다린다니 원규가 대체 무슨 생각을 하는지 알 수가 없었다. 거기까지 생각한 곰보 중대장은 원규를 따라 숲으로 들어가 몸을 숨겼다.

원규의 부대를 뒤쫓아 온 적군도 숲으로 들어왔다.

“적군은 병사를 세 무리로 나누어 각각 다른 방향으로 후퇴하고 있습니다.”

병사 한 명이 연대장에게 보고했다.

“1대대는 왼쪽, 2대대는 오른쪽, 그리고 3대대는 정면으로 적군을 추격한다. 나는 호위 중대와 함께 이곳에 진영을 세우겠다.”

연대장의 명령을 들은 대대장 세 명은 각자 병사를 이끌고 세 방향으로 흩어졌다. 수가 적은 적군의 호위 중대는 중대장까지 합쳐서 겨우 20명이었다.

원규는 적군이 세 부대로 나뉘어 멀리 사라지는 것을 기다렸다가 공격하라는 신호를 보냈다. 66명인 원규의 부대가 병사 수에서 유리한 탓에 적의 호위 중대는 속수무책으로 당했다.

“어서 뚱보 신호병을 불러라. 긴급 집합 나팔을 불어! 적군을 추격하러 간 세 대대를 부르면 여기서 빠져나갈 수 있다!”

적군의 연대장은 크게 소리를 질렀다.

"뚱보 신호병은 적군에 생포되지 않았습니까?"

한 호위 병사가 말했다. 그러자 연대장은 다시 소리쳤다.

"그럼 빨리 신호탄을 쏴!"

붉은색 신호탄이 '핑! 핑! 핑!' 하늘로 치솟았다. 최고 수준의 위급한 상황을 알리는 신호였다. 각기 다른 방향으로 흩어져 추격하던 적군의 세 부대는 신호탄을 보고 서둘러 돌아오기 시작했다.

이때 원규가 다시 손을 흔들며 말했다.

"후퇴!"

병사들은 원규의 지휘에 따라 가까운 곳에 있는 대대 본부를 향해 후퇴하기 시작했다. 본부에는 앞서 출발한 병사 33명이 무사히 도착해서 기다리고 있었다.

병사들을 직접 마중 나온 대대장은 원규의 부대가 적군을 보기 좋게 물리치고 제때 후퇴했다며 칭찬했다.

"대대장님, 제가 지휘한 이번 전투가 나쁘지는 않았던 것 같습니다."

대대장의 칭찬에 곰보 중대장이 우쭐대며

말했다.

"곰보 중대장이 똑똑하고 용감하다는
소문은 많이 들었네. 그래, 이번 전투에
서는 어떤 작전을 썼나?"

곰보 중대장의 우쭐거림에 대대장이
웃으며 물었다.

"그……. 저는 어째 나이가 들수록 더 똑똑해지는 것 같습니
다! 헛헛헛!"

순식간에 얼굴이 붉어진 곰보 중대장은 그렇게 대답하고는
억지웃음을 크게 지어 보였다.

한편, 곰보 중대장을 지켜보던 병사들은 모두 못마땅한 얼굴
이 되었다. 특히 한쪽 구석에 있던 늙은 취사병은 화를 못 이겨
거친 숨을 씩씩 내뱉었다. 하지만 원규는 기분 상한 내색없이
그저 웃고만 있을 뿐이었다.

그 모습에 늙은 취사병은 대체 뭐가 좋다고 웃고 있는 것인지
더욱 화가 났다.

"곰보 중대장이 거짓말하는 걸 듣고도 넌 아무렇지도 않냐?"

원규는 여전히 미소를 지으며 대답했다.

"제가 화를 내기라도 해야 한다는 말씀이세요?"

"그럼 어쩔 생각인데?"

"바보가 하루아침에 똑똑해지는 것 보셨어요? 진실은 진실이

에요. 변하지 않죠."

그렇게 말대꾸한 원규는 눈을 찡긋해 보였다.

"바보는 하루아침에 똑똑해지지 않는다."

늙은 취사병은 원규의 말을 찬찬히 곱씹어 보았다. 그러다 갑자기 무릎을 탁 치며 말했다.

"옳거니! 그 '똑똑한' 곰보님이 원래 모습으로 돌아올 수 있게 해 줘야겠어."

늙은 취사병이 곰보 중대장에게 다가가 말했다.

"중대장님, 이번 전투를 직접 지휘하셨습니까?"

그러자 곰보 중대장은 커다란 입을 삐죽이며 대꾸했다.

"당연한 걸 왜 물어? 전투가 벌어지자마자 맨 앞에 서서 지휘했다고. 모든 전투에는 내가 있었지."

늙은 취사병이 곰보 중대장에게 한 발 더 가까이 다가가며 물었다.

"그럼 우리 중대가 이번에 잡은 포로는 몇 명이나 됩니까?"

"포로가 몇 명이냐고……?"

순간 곰보 중대장의 얼굴에 난처한 빛이 스치더니 곧 화제를 돌렸다.

"격렬한 전투가 한창인 외중에 누가 포로 숫자를 일일이 세고 있나!"

"전 알고 있어요."

모두 말소리가 난 쪽으로 고개를 돌렸다. 원규였다.

"몇 명인지 말해 봐라."

곰보 중대장은 눈을 부라리며 물었다.

"들어 보세요. 이 숫자에 이 숫자를 더한 수와 이 숫자에서 이 숫자를 뺀 수, 이 숫자와 이 숫자를 곱한 수와 이 숫자로 이 숫자를 나눈 수를 모두 더하면 정확히 100이 돼요. 똑똑하고 지혜로운 중대장님은 이 숫자가 얼마인지 당연히 아시겠죠."

원규가 씩 웃으며 대답했다.

곰보 중대장이 수학 문제를 가장 두려워한다는 것을 알고 있는 병사들은 너도나도 나서서 맞장구치기 시작했다.

"맞습니다! 중대장님은 나이가 들수록 똑똑해지시니 이 정도 문제야 금방 풀 수 있겠죠. 어서 계산해 보세요! 하하……."

그렇게 모두 웃고 떠드는 가운데 곰보 중대장은 머리가 어질어질했다. 무슨 말을 할 듯이 입을 뻐끔거렸지만 아무런 답도 나오지 않았다. 그러던 곰보 중대장이 갑자기 옆에 있는 어린 병사에게 손짓하며 조용히 속삭였다.

"이봐, 포로 수가 몇 명인지 알겠나? 제대로 맞히면 너를 분대장으로 임명해 주지."

"포로는 총 7명이었던 것으로 기억하는데요."

병사는 잠시 생각해 보고 대답했다.

"좋아! 7명이야. 포로는 모두 7명이지."

얼굴이 환해진 곰보 중대장이 큰 목소리로 말했다.

"그럼 원규가 말한 식에 대입해서 검산해 보게. 제대로 맞혔는지 확인해야 하니 말이야."

대대장이 되물었다.

"7 더하기 7은 14, 7 빼기 7은 0, 7 곱하기 7은 49, 그리고 7 나누기 7은 1이죠. 이 네 숫자를 모두 합치면 100이 아닙니까!"

곰보 중대장은 틀림없다는 듯이 자신감에 찬 모습이었다.

그 말에 그 자리에 있던 모두가 웃어 대기 시작했다.

"중대장님, 정말 똑똑하십니다, 그려. 14에 0을 더하고 다시 49와 1을 더하면 100이라고요?"

너무 웃어서 눈물까지 찔끔 흘린 늙은 취사병은 손으로 눈물을 훔치며 말했다.

"포로는 모두 7명이야. 확실하다니까!"

곰보 중대장은 여전히 굴하지 않고 우겨 댔다.

"포로들을 모두 데려오세요."

보다 못한 샤오제갈이 나섰다.

병사 2명이 포로 9명을 데려오자 옆에 서 있던 늙은 취사병이 계산을 시작했다.

"9 더하기 9는 18, 9 빼기 9는 0, 9 곱하기 9는 81, 9 나누기 9는 1. 이 네 숫자를 모두 더하면 100이지요!"

그렇게 말한 늙은 취사병은 대대장에게 곰보 중대장이 어린

아이인 원규에게 터무니없이 위험한 임무를 준 것과 전투 중에 꾀병을 부리며 뒤로 빠진 것, 대대장에게 거짓 보고를 한 것까지 모조리 이야기했다.

곰보 중대장은 끝까지 발뺌했지만, 주위에 있던 분대장과 소대장까지 모두 늙은 취사병의 말이 사실이라며 고개를 끄덕였다.

대대장은 잔뜩 굳은 얼굴로 엄하게 소리쳤다.

"곰보 중대장 네 이놈! 중대장으로서 책임을 다하지 않고 전투 중에 아픈 척하며 물러섰을 뿐만 아니라 나를 속이고 원규를 위험에 빠뜨린 죄가 매우 크다. 오늘부터 취사병을 도와 병사들의 식사 준비하는 일을 하도록 해라. 이제 너는 취사병의 부하이니 무조건 원규의 지시대로 따라야 한다."

그때였다. 누군가의 쉰 목소리가 울려 퍼졌다.

"잠깐! 너무 심하게 나무라지는 마시게. 대대장."

모두 소리가 난 쪽으로 고개를 돌리니 지수왕이 이 쪽으로 걸어오고 있었다. 지수왕은 '허허' 하고 두어 번 헛웃음 소리를 낸 다음 입을 열었다.

"자네들이 모르는 사실이 하나 있지. 내가 곰보 중대장에게 원규를 보내면서 은밀하게 저 아이를 시험해 보라는 명령을 내렸네. 과연 원규가 삼국지에 나오는 제갈량처럼 뛰어난 작전을 세우고 전투를 치를 줄 아는지 알아보려고 말이야."

그러자 곰보 중대장이 황급히 말했다.

"원규는 치밀하게 작전을 짜고 군사를 다루었습니다. 훗날 장군이 될 인재입니다."

"내가 사람 보는 안목이 있는 것 같구먼. 몇 년 정도만 잘 훈련시키면 나중에 우리 똑똑한 사람들의 나라가 세계를 정복하는 데 큰 공을 세울 수 있겠어. 곰보 중대장, 원규를 왕궁으로 데려가라."

지수왕이 고개를 끄덕이며 말했다.

곰보 중대장은 "예!"라고 대답하고는 원규를 데리고 왕궁으로 향했다.

두 사람은 한 마디도 하지 않고 묵묵히 걷기만 했다.

그렇게 한참을 걷다가 심심해진 곰보 중대장이 원규에게 말을 걸었다.

"이봐, 원규야. 너 점 같은 건 칠 줄 모르지? 난 사주팔자나 운세 같은 걸 자주 보는데 말이야."

"물론 할 수 있죠. 굉장히 잘 맞히는걸요."

곰보 중대장은 반신반의하는 얼굴로 되물었다.

"그걸 어떻게 믿지?"

"간단해요. 사실 예전에 중대장님의 운명을 점쳐 본 적이 있어요. 지수왕과 똑같은 운명을 타고나셨던데요?"

"그게 정말이냐?"

곰보 중대장은 뛸 듯이 기뻐하며 말했다.

"그럼 이 곰보 중대장님이 나중에 왕이 된다, 이 말이지?"

"못 믿겠으면 중대장님이 직접 계산해 보세요."

원규가 제법 진지하게 대꾸했다.

"중대장님이 태어난 연도에 처음 중대장이 된 연도를 더하고, 거기에 올해 나이와 중대장으로 일한 햇수를 더해 보세요.
총 몇이 나오죠?"

곰보 중대장은 바닥에 쪼그리고 앉아 숫자들을 써 가며 계산
하기 시작했다.

"1966년에 태어나 1988년에 중대장이 되었지. 올해 스물네
살이 되었고, 중대장이 된 지 2년 되었으니까 모두 합하면,

1966+1988+24+2=3980

총 3980이 되는군."

원규가 말했다.

"이번에는 지수왕의 운명의 숫자를 계산해 보세요. 태어난
연도와 왕위에 오른 연도를 더하고 올해 나이와 왕으로 지낸
햇수를 더하면 얼마예요?"

곰보 중대장은 또 계산했다.

"지수왕은 1924년에 태어났고, 1958년에 왕위에 올랐어. 나
이는 올해 예순여섯이고, 왕위에 오른 지
32년 되었으니까 모두 더하면,

1924+1958+66+32=3980

엇, 똑같이 3980이네? 너 정말 제법이구나! 엄청난데?"

곰보 중대장은 원규의 실력에 감탄하며 말했다.

두 사람이 다시 길을 걷던 도중 작은 술집이 보였다. 곰보 중대장은 술집만 보면 그냥 지나치는 법이 없는 사람이었다.

"저기 가서 한잔하고 가야겠다. "

원규가 가만히 생각해 보니 지금이야말로 탈출할 절호의 기회였다. 그러자면 우선 중대장을 취하게 해야 했다. 거기까지 생각한 원규가 곰보 중대장에게 말했다.

"우리 게임을 하는 게 어때요? 중대장님이 지면 술을 마시고, 제가 지면 꿀밤 맞기!"

"게임? 그거 좋은 생각이다. 이 곰보 중대장님도 제법 똑똑하다고. 쉽게 지지 않을걸."

그렇게 말한 곰보 중대장은 원규를 끌고 술집으로 들어갔다. 그리고 술과 땅콩을 주문했다.

원규는 주문한 땅콩을 두 손에 조금씩 나누어 쥐고 곰보 중대장에게 물었다.

"중대장님, 둘 중 어느 쪽 손에 있는 땅콩이 짝수일까요?"

잠시 고민하던 곰보 중대장이 오른손을 가리켰다.

“이쪽이 짝수일 것 같은데?”

원규가 오른손을 펴 보니 땅콩은 세 개였다. 제대로 맞히지 못한 곰보 중대장은 술잔을 들어 쭉 들이켰다.

그렇게 곰보 중대장은 연거푸 세 번을 틀려서 연속으로 석 잔을 마셨다. 곰보 중대장은 어떻게 한 번도 알아맞히지 못하는 걸까 싶어 고개를 갸우뚱했다. 사실 원규의 두 손에 있는 땅콩이 모두 홀수라는 사실을 곰보 중대장이 알 리 없었으니, 백 번을 해도 틀리는 것이 당연했다.

곰보 중대장이 말했다.

“이제 바꿔서 해 보자. 내가 땅콩을 쥘 테니 네가 맞혀 봐.”

곰보 중대장은 재빨리 땅콩을 집어서 개수를 세고 양손에 나누어 쥐었다.

“둘 다 홀수인 것 아니에요?”

샤오제갈은 고개를 저으며 말했다.

“아냐. 왼쪽은 다섯 개고 오른쪽에는 네 개라고. 난 제대로 했어.”

그러자 샤오제갈이 웃으며 대꾸했다.

“그럼 오른쪽이 짝수네요. 한 잔 더 드세요. 중대장님.”

“이런, 바보같이 스스로 답을 말해 버렸군.”

그렇게 말한 곰보 중대장이 다시 한 잔을 비웠다. 술기운이 오른 중대장은 다시 양손에 땅콩을 쥐고 말했다.

“자, 한쪽은 짝수, 다른 한쪽은 홀수다. 맞혀 봐. 틀리면 꿀밤 백 대야!”

“우선 확인부터 하고요.”

잠시 생각한 원규가 말을 이었다.

“왼손에 있는 땅콩 개수에 2를 곱한 다음 오른손의 땅콩 수를 더해 보세요. 얼마예요?”

곰보 중대장은 잠시 계산했다.

“31인데?”

그러자 원규가 곰보 중대장의 오른손을 가리키며 홀수라고 말했다. 아니나 다를까, 곰보 중대장이 오른손에 쥔 땅콩은 5개로 홀수였다. 또 한 잔을 마신 곰보 중대장은 씩씩대며 다시 두 손에 땅콩을 나누어 쥐었다. 이번에 계산한 결과는 10이었다. 그러자 원규는 오른쪽이 짝수라고 답했고, 역시 정답이었다.

그렇게 한 잔 두 잔 계속 마시다 보니 곰보 중대장은 자기도 모르는 사이에 그대로 탁자 위에 스르르 엎어졌다.

밤이 깊어, 가게 문을 닫을 시간이 되자 술집 주인이 곰보 중대장을 흔들어 깨웠다. 옆에 있던 원규는 보이지 않았다. 깜짝 놀란 곰보 중대장은 술값을 내는 것도 잊은 채 곧장 왕궁을 향해 부리나케 뛰어갔다.

곰보 중대장은 황급히 지수왕에게 가서 원규가 도망쳤다는 사실을 보고했다.

곰보 중대장의 입에서 술 냄새가 진동하자 지수왕은 크게 화를 내며 고함을 질렀다.

"대체 일 처리를 어떻게 하는 거냐! 녀석을 데리고 오는 길에 술을 마셔? 그것도 이렇게 술 냄새가 진동하도록?"

지수왕은 병사를 불러 샤오이와 함께 원규를 잡으러 가라고 명령했다.

곰보 중대장이 물었다.

"원규를 잡으러 가는데, 샤오이는 왜 데려가라고 하십니까?"

그러자 지수왕이 눈을 부라리며 성을 냈다.

“녀석을 잡으려면 샤오이를 미끼로 써야 할 게 아니냐! 술 마시는 것 말고는 할 줄 아는 게 없는 한심한 놈 같으니라고!”

곰보 중대장은 지수왕의 호통에 목을 움츠리며 뒤로 한 걸음 물러섰다.

한편, 술집을 빠져나온 원규는 숲으로 들어갔다. 지수왕이 곧 자신을 잡으러 올 것에 대비해 우선 숲 속에 몸을 숨겨야 했다.

‘날 찾을 수 있는지 어디 한번 보자고!’

그때 숲 바깥쪽에서 고함이 들려왔다.

“원규 이놈! 빨리 나와라! 샤오이가 무사하길 바란다면 말이야!”

샤오이를 앞세운 지수왕과 병사들이 이쪽으로 오고 있었다. 원규는 황급히 큰 나무 위로 올라갔다.

지수왕은 샤오이를 데리고 원규가 숨어 있는 나무 밑으로 걸어왔다. 원규는 지수왕이 다른 곳을 보는 틈을 타 원규 쪽으로 종이쪽지를 떨어뜨렸다. 샤오이는 신발을 고쳐 신는 척하면서 쪽지를 주워 재빨리 읽었다.

지수왕이 원규를 향해 말했다.

“원규가 어디로 갔는지 알고 있느냐?”

샤오이는 잠시 생각하다가 되물었다.

“원규가 어디에 숨어 있는지 알려 드리면 저를 중국으로 돌려보내 주실 건가요?”

지수왕은 자신의 가슴을 두어 번 치고는 대답했다.

"돌려보내 주지. 약속하마."

샤오이가 종이쪽지 한 장을 내밀며 말했다.

"아까 어떤 아이가 제게 이걸 주고 갔어요."

지수왕이 쪽지를 받아서 읽었다.

한참 쪽지를 들여다보았지만, 도대체 무슨 말인지 알 수가 없었다. 지수왕은 쪽지를 도로 샤오이에게 주었다.

"네가 한번 읽어 봐라!"

샤오이는 모르는 척 시치미를 떼며 천천히 읽었다.

"나의 친구 샤오이! 도망친 나는 숲 속의 동굴에 숨어 있어. 동굴의 위치는 큰 귀신 나무를 지나 ▼ ◓ ♥ ✖ 걸음 떨어진 곳이야. 원규."

쪽지를 모두 읽은 샤오이가 되물었다.

"이 ▼ ◓ ♥ ✖ 들은 무슨 부호일까요?"

지수왕은 낮은 소리로 차갑게 웃었다.

"원규, 이 녀석! 나를 속일 수 있을 줄 알았느냐? 봐라. 맨 끝에 있는 원규는 얼굴의 절반을 가리고 있지? 부호의 왼쪽을 가리고 보면 무슨 뜻인지 알게 되지."

손으로 각 부호의 왼쪽 절반을 가려 본 곰보 중대장은 알겠다는 듯 무릎을 탁 쳤다.

"아하, 이 부호들은 7, 5, 2, 3을 의미하는 거였군요. 그러니까 7,523걸음이에요! 정말 지혜로우십니다, 폐하!"

지수왕은 샤오이를 툭 치며 말했다.

"이 나무가 바로 큰 귀신 나무다. 앞장서서 걸어라. 7,523걸음 떨어진 곳에 정말 동굴이 있는지 알아야겠으니."

샤오이는 어쩔 수 없다는 듯 앞장서서 천천히 걷기 시작했다. 1,000걸음을 넘어서면서부터 샤오이의 걸음은 조금씩 빨라졌고 지수왕 일행은 조금씩 뒤처지기 시작했다. 문득 지수왕이 정신을 차려 보니 어느새 샤오이는 저만큼 앞서가고 있었다. 정확히 7,523걸음을 걸어 목적지에 도착했지만 동굴은 보이지 않았다. 샤오이도 어디론가 사라지고 없었다.

"폐하, 원규 녀석이 거짓말을 한 것이 아닐까요? 우리를 속이려고요."

곰보 중대장이 머리를 긁적이며 물었다.

"그럴 리 없다."

지수왕은 틀림없다는 듯 대답했다.

"쪽지의 내용은 사실이야. 샤오이는 진짜 의미를 알고 있었어."

　지수왕은 다시 종이쪽지를 들여다보며 곰곰이 생각했다. 그러다 이내 무릎을 탁 치며 입을 열었다.

　"이제 알겠다. 이 위쪽에 있는 화살표 두 개가 서로 다른 방향을 가리키고 있지 않으냐? 앞으로 7,523걸음 갔다가 다시 뒤로 3,257걸음 가야 한다는 뜻이야. 어서 돌아가자!"

　1,000걸음쯤 되돌아갔을 때 지수왕 일행 앞에 남자아이 둘이 나타났다. 한 명은 얼굴이 희고, 다른 한 명은 얼굴이 검었다. 두 소년은 각자 번호가 적힌 밥그릇을 들고 큰 나무 밑에 앉아서 그릇에 든 밥을 한 톨씩 집어 먹고 있었다.

　곰보 중대장이 아이들에게 물었다.

　"까까머리 소년 한 명이 지나가는 것을 보았느냐?"

　검은 얼굴의 소년이 힘없이 대답했다.

　"저희를 도와주시면 알려 드릴게요. 몹시 어려운 문제가 있거든요."

　검은 얼굴의 소년은 그렇게 말하고 다시 밥알 한 톨을 집어 입에 넣었다.

　"무슨 문제냐. 어서 말해 봐라."

　마음이 급한 곰보 중대장이 재촉했다. 그러자 검은 얼굴의 소년이 느릿느릿 이야기를 시작했다.

"우리 둘은 같은 가게에서 일하고 있
어요. 그런데 우리가 밥을 너무 많이, 그리고 빨리
먹는다고 주인 아저씨한테 혼났어요. 오늘 아침에 주
인 아저씨가 밥을 주면서 자기 밥그릇에 담긴 밥을
천천히 먹는 사람에게 100냥을 주겠다고 했어요. 먼
저 먹는 사람은 해고한다면서요."

두 눈에 눈물이 그렁그렁 맺힌 흰 얼굴의 소년이 말
했다.

"우리 둘 다 배가 고파 죽을 것 같은
데도 밥을 빨리 먹을 수가
없어요."

곰보 중대장은 고
개를 저었다.

"난 이 문제를 풀
수 없을 것 같은데."

지수왕이 헛웃음을 지으며 말했다.

"그야 간단한 문제지. 서로 밥그릇을 바꾸면 될 게 아니냐."

두 소년은 눈을 한 번 굴리더니 용수철처럼 발딱 일어서서는 신이 나서 말했다.

"좋은 생각이네요!"

그러고는 각자 들고 있던 밥그릇을 바꾸고 무서운 속도로 먹기 시작했다. 둘 다 눈 깜짝할 사이에 밥을 전부 먹어 치웠다.

곰보 중대장은 여전히 이해가 안 된다는 얼굴로 물었다.

"어째서 밥그릇만 바꾸면 문제가 해결된다는 거지? 또 왜 그렇게 빨리 먹은 거야?"

흰 얼굴의 소년은 만족스러운 표정으로 입가를 닦았다.

"제가 먹은 밥은 저 녀석의 것이잖아요. 제가 먼저 저 녀석 밥을 모두 먹어 치우면 제 밥그릇에는 밥이 남아서 제가 천천히 먹은 셈이 되니까 최대한 빨리 먹어야죠!"

검은 얼굴의 소년이 뒤쪽을 가리키며 말했다.

"까까머리 소년은 방금 지나갔어요. 서두르면 따라잡을 수 있을 거예요!"

지수왕과 곰보 중대장은 다시 2,257걸음을 걸어갔다. 과연 큰 나무 밑에 동굴이 있었다.

지수왕은 곰보 중대장을 동굴 안으로 들여 보냈다. 원규가 만만한 상대가 아니라는 것을 누구보다 잘 아는 곰보 중대장은 부들부들 떨면서 동굴로 들어갔다.

"원규, 샤오이! 어서 나와라! 여기에 숨어 있는 것 다 알고 있으니 어서 나와!"

잠시 후 '어이쿠' 하는 소리와 함께 곰보 중대장이 "사람 살려!" 하고 비명을 질렀다.

지수왕은 황급히 병사들을 시켜 동굴 입구 주변을 에워싸고는 안쪽을 향해 소리쳤다.

"원규, 샤오이! 어서 나오너라! 해치지 않겠다. 3분 안에 대답해라!"

그러나 동굴 안에서는 대답 대신 밖으로 나오는 발소리만 들려왔다. 발소리는 점점 가까워졌다. 곧 입구를 둘러싼 병사들 앞에 두 소년이 나타났다. 원규와 샤오이는 몽둥이를 들고 곰보 중대장을 앞세운 채 동굴 입구로 걸어 나왔다.

동굴 입구에 선 원규가 지수왕을 향해 말했다.

"병사들을 물러서게 하세요. 곰보 중대장님은 저희와 함께 갈 거예요. 잠시 후에 무사히 돌려보낼게요."

지수왕은 두 소년에게 길을 내 주라고 병사들에게 명령했다.

원규와 샤오이는 곰보 중대장을 끌고 깊은 숲 속으로 걸어갔다. 둘은 한참을 걸어 뒤쫓는 사람이 없다는 것을 확인한 다음 곰보 중대장을 놓아 주었다. 곰보 중대장은 이때다 싶어 부리나케 도망갔다.

원규는 샤오이를 향해 웃어 보였다.

"드디어 탈출했어."

샤오이는 허리를 깊이 숙여 공손하게 인사하며 말했다.

“쪽지 던져 준 것 정말 고마워. 덕분에 살았어.”

“고맙기는 뭘. 자, 이제 뭐라도 좀 먹으러 가자.”

두 사람은 다시 길을 걷기 시작했다. 얼마쯤 걷자 작은 식당이 보였다. 입구에는 노릇노릇하게 잘 구워진 먹음직스런 빵이 진열되어 있었다. 고소한 빵 냄새가 코를 찔러 두 소년은 금세 입안에 침이 고였다.

원규가 주머니를 뒤져 보았지만 동전 한 푼 나오지 않았다. 다시 고개를 돌려 보니 ‘똑똑한 사람들의 식당’ 이라는 커다란 간판이 보였다.

원규는 궁금증이 생겨 식당 주인에게 말을 걸었다.

“가게 이름이 어째서 똑똑한 사람들의 식당이에요?”

그러자 식당 주인이 웃으며 대답했다.

“이 식당은 똑똑한 사람들만을 위한 식당이야. 똑똑한 사람들은 우리 가게에서 공짜로 밥을 먹을 수 있지.”

공짜라는 말에 빙긋 웃으며 원규가 되물었다.

“똑똑한 사람인지 아닌지 어떻게 알아요?”

“저게 우리 가게 규칙이야. 내가 풀 수 없는 어려운 문제를 내는 사람은 빵 두 개를 먹을 수 있지. 하지만 내가 정답을 맞히면 빵 값의 세 배를 내야 해.”

식당 주인은 벽에 걸린 종이를 가리키며 말했다.

원규는 꼬르륵거리는 배를 두어 번 문지른 다음 입을 열었다.

"좋아요. 제가 먼저 문제를 내 볼게요. 한 번은 제가 100미터 높이의 건물 꼭대기에 서 있었어요. 품에 잘 익은 수박 한 통을 안고 있었고요. 잠시 후 이 수박이 100미터 아래로 떨어졌는데, 수박이 흠집 하나 없이 멀쩡한 거예요. 어떻게 된 일일까요?"

"글쎄다……. 아마 아래에서 누군가가 수박을 받은 게 아닐까? 아니면 푹신한 솜 위에 떨어졌을 수도 있고. 솜이 아니라 진흙더미일 수도 있겠지."

식당 주인은 골똘히 생각한 끝에 말했다.

"거 참 이상하군. 100미터 아래로 떨어졌는데 수박이 깨지지 않았다고? 난 잘 모르겠구나."

식당 주인은 머리를 긁적이며 말을 이었다.

그러자 원규가 씩 웃으며 두 손으로 수박을 안은 시늉을 하며 말했다.

"제가 수박을 안고 100미터 높이 빌딩 위에 서 있었어요. 제 키가 160센티미터니까 수박은 땅에서 101미터쯤 떨어져 있던 셈이죠. 잠시 후에 제가 수박을 안고 건물을 내려왔을 때 수박은 100미터 아래로 떨어졌지만 땅에 닿지는 않았어요. 계속 제

품에 있었으니 땅에서 1미터 정도 떨어져 있는 거죠.”

“그거 참 말 되는구나!”

식당 주인은 큼직한 빵 두 개를 꺼내 원규와 샤오이에게 하나씩 주었다. 무척이나 배가 고팠던 두 사람은 순식간에 빵을 먹어 치웠다. 원규와 샤오이를 향해 배를 문질러 보였다. 빵 한 개로는 배가 차지 않는다는 뜻이었다.

“저도 문제를 내 볼게요. 제가 버스를 탔어요. 종점에 거의 도착했을 때 표 받는 직원 두 명이 승객들의 표를 확인하기 시작했어요. 그런데 버스에 탄 사람 중에 절반만 표를 가지고 있는 거예요. 게다가 직원들은 표가 없는 나머지 사람들에게 아무 말도 하지 않았죠. 어떻게 된 일일까요?”

샤오이가 낸 문제에 대해 잠시 생각하던 식당 주인이 말했다.

“아마도 그 절반은 어린이라 표가 필요 없었던 게 아닐까? 직원과 아는 사람들이었을 수도 있고.”

샤오이는 고개를 저었다.

“모두 아니에요.”

“다 아니라고?”

식당 주인은 영문을 모르겠다는 얼굴로 고개를 절레절레 흔들었다.

그러자 미소를 띤 샤오이

가 대답했다.

"버스에는 승객이 세 명 있었어요. 나머지 셋은 운전기사와 표 받는 직원이었죠. 이 셋은 표를 살 필요가 없는 거잖아요."

"아하, 그렇군!"

식당 주인이 무릎을 탁 쳤다.

"저어, 그럼 빵을 주시는 건가요?"

샤오이는 화덕 위에 있는 빵을 가리키며 말했다.

"그럼, 주고말고. 자, 하나씩 받아라."

식당 주인은 흔쾌히 빵 두 개를 두 소년에게 나누어 준 다음 다시 진열대에서 참깨 빵 두 개를 꺼내 왔다.

"나도 문제를 하나 내지. 너희가 정답을 맞히면 우리 집에서 가장 맛있는 참깨 빵을 줄게. 하지만…… 틀리면 빵 여섯 개 값을 내야 한다."

원규와 샤오이는 고개를 끄덕였다.

"내 친구 한 명이 심한 관절염에 걸려서 제대로 걷지도 못할 정도가 되었어. 그런데 이 친구가 계속 안과에만 가는 거야. 왜 일까?"

잠시 후 원규는 이마를, 샤오이는 뒷머리를 '탁' 소리가 나도 록 치고는 동시에 대답했다.

"너무 쉬운 문제잖아요. 아저씨 친구는 안과에서 일하시는 분이시죠? 병원에는 환자들만 가는 게 아니니까요."

“정답이다! 그 친구는 안과 의사야. 당연히 매일 안과로 출근해야지. 너희 정말 똑똑하구나!”

식당 주인은 참깨 빵을 건네며 말했다.

“먹어 봐라. 씹을수록 맛있는 빵이니까.”

원규와 샤오이는 빵을 받아 들고 한 입 베어 물었다. 과연 씹을수록 고소한 맛이 일품이었다. 그렇게 참깨 빵을 전부 먹었을 때, 둘 다 갑자기 어지럽고 눈앞이 흐려지면서 제대로 서 있기조차 힘들었다. 결국, 원규와 샤오이는 바닥에 쓰러지고 말았다.

“하하하.”

식당 주인은 큰 소리로 웃고는 정신을 잃은 원규와 샤오이를 손으로 가리키며 말했다.

“너희가 아무리 똑똑해도 이 똑똑한 사람들의 식당을 빠져나갈 수는 없지. 어디 보자, 이 녀석들 돈을 얼마나 가지고 있으려나?”

원규와 샤오이는 똑똑한 사람들의 식당에서 수면제가 섞인 빵을 먹고 정신을 잃었다.

식당 주인은 아이들이 돈을 좀 가지고 있을까 싶어 주머니를 뒤져 보았다. 샤오이의 몸에서는 동전 한 푼 나오지 않았다. 이어서 원규의 몸을 뒤졌지만 역시 돈은 없었다.

식당 주인은 원규와 샤오이를 밧줄로 묶은 다음 차가운 물을 끼얹어 깨웠다. 그러고는 두 사람에게 말했다.

"가진 돈 다 내놔. 그럼 목숨만은 살려 주지. 돈 몇 푼 때문에 죽고 싶지는 않겠지?"

그러자 원규가 차분하게 대꾸했다.

"물론이죠. 돈 대신 목숨을 내놓을 사람이 어디 있겠어요?"

식당 주인은 '흐흐' 하고 차가운 웃음을 흘렸다.

"살고 싶으면 돈을 내야지. 너희 두 놈 모두 땡전 한 푼 없던
데 어떻게 목숨을 구할 생각이냐?"

"사실 우리는 은행의 부탁을 받아 금괴와 은괴를 운반하던
중이었어요."

식당 주인을 힐끗 쳐다보며 원규가 말했다.

"거짓말하지 마라. 은행장이 너희 같은 꼬마 녀석들을 어떻
게 믿고 값비싼 금괴 운반을 맡긴단 말이냐?"

식당 주인은 말도 안 된다는 듯 연방 고개를 저었다.

"못 믿겠다고요?"

원규가 정색하며 말했다.

"아까 우리와 문제 내기로 겨루셨죠? 어땠어요? 우리가 똑똑
하지 않던가요?"

"똑똑하긴 했지."

식당 주인이 고개를 끄덕이며 말했다.

"값비싼 금괴와 은괴를 어른들이 옮기면 금방 눈에 띄잖아
요? 그래서 은행장이 우리에게 운반을 맡긴 거예요. 이번에 옮
기는 물건이 엄청나거든요. 우리 같은 아이들이 그런 일을 하
고 있다고 누가 믿겠어요? 그러니 더 안전하게 운반할 수 있잖
아요."

가만히 듣고 보니 일리가 있는 말이었다. 확실히 두 소년은
웬만한 어른보다 똑똑했다. 식당 주인은 한결 부드러워진 얼굴

로 상냥하게 말했다.

“이번에 운반하는 금괴와 은괴가 얼마나 되니? 모두 합쳐서 얼마지? 그것만 알려 주면 바로 풀어 줄게.”

원규는 눈썹을 모으고 말했다.

“은행장은 물건들을 모두 금고에 넣고서 얼마나 들어 있는지는 말해 주지 않았어요.”

그러자 한 발짝 가까이 다가온 식당 주인이 물었다.

“알 방법이 전혀 없는 거냐?”

“단서가 있긴 해요.”

웃음기가 사라진 진지한 얼굴로 원규가 말을 이었다.

“은행장이 이렇게 말했어요. 금괴 하나와 은괴 하나씩 짝을 지으면 은괴 하나가 남고, 금괴 하나와 은괴 두 개를 짝 지으면 금괴 하나가 남는다고요.”

“음……, 한번 계산해 보마. 은괴가 금괴보다 하나 많다는 건 확실한데, 금괴가 몇 개나 있는 거지?”

그렇게 중얼거리던 식당 주인이 한참을 이리저리 고민하더니 갑자기 무릎을 탁 쳤다.

"알겠다! 너희 은행장이 금괴 하나와 은괴 두 개를 짝 지으면 금괴 하나가 남는다고 했다고? 만약 은괴가 두 개 더 있다고 가정하면 남은 금괴 하나와 짝 지을 수 있으니 은괴는 정확히 금괴의 두 배가 되는 거야."

눈을 가늘게 뜬 식당 주인이 물었다.

"이때 은괴는 금괴보다 몇 개나 더 많은 거냐?"

"원래는 한 개가 많지만 방금 은괴 두 개가 더 있다고 가정했으니 총 세 개 더 많은 셈이 되죠."

샤오이가 말했다.

"맞아. 은괴가 금괴보다 세 개 더 많을 때 금괴의 두 배가 되었으니까 금괴는 세 개, 은괴는 네 개가 되는군."

원규가 옆에서 끼어들었다.

"사실 그렇게 복잡하게 계산하지 않아도 돼요. 은행장이 말한 첫 번째 명제는 금괴와 은괴의 총 합을 2로 나누면 1이 남는다는 거고, 두 번째 명제는 금괴와 은괴의 총 합을 3으로 나누어도 1이 남는다는 거잖아요. 따라서 금괴와 은괴의 총 합은 2와 3의

최소공배수*에 1을 합한 숫자이므로 2×3+1=7, 금괴는 세 개, 은괴는 네 개가 되는 거죠."

식당 주인이 대꾸했다.

"계산 방법이야 어떻든 세 개와 네 개 아니냐? 금괴와 은괴를 어디에 숨겨 놨지? 어서 말해라!"

원규는 잠시 망설이다가 입을 열었다.

"이곳에서 멀지 않은 동굴 안에 뒀어요. 그 동굴 앞에서 큰 소리로 '샤오이'를 부르면 어린애 한 명이 나와 동굴 안으로 안내할 거예요."

"그 동굴에서 물건을 찾지 못하면 너희들을 가만두지 않을 테다!"

사납게 소리친 식당 주인은 서둘러 밖으로 나갔다.

얼마 지나지 않아 식당 주인은 원규가 말한 동굴 앞에 도착했다. 그리고 목청을 한껏 높여 외치기 시작했다.

"샤오이, 샤오이."

그러자 곧 뒤쪽에서 깡마른 노인 하나가 나타났다.

"샤오이를 알고 있나?"

"물론 알지요. 그럼 모르는 사람을 부르겠소?"

식당 주인은 의심스러운 눈초리로 노인을 훑어본 다음 다시 샤오이를 부르기 시작했다.

노인이 천천히 박수를 세 번 치자 숲 속에서 병사들이 달려 나와 식당 주인을 바닥에 쓰러뜨렸다. 그 노인은 바로 지수왕이었다. 원규와 샤오이가 숲에서 길을 잃고 다시 돌아올 것을 대비해서 병사 몇 명을 남겨 둔 것이었다.

지수왕은 식당 주인에게 원규와 샤오이가 어디에 있는지를 캐물었지만 그는 금괴와 은괴를 빼앗길까 봐 입을 꾹 다물고 아무 말도 하지 않았다.

지수왕이 말했다.

"병사들은 들어라. 원규와 샤오이가 어디 있는지 말하지 않으면 저놈을 매우 쳐라!"

식당 주인은 그 말을 듣고 깜짝 놀라 서둘러 사실을 털어놓았다. 지수왕은 병사들을 시켜 똑똑한 사람들의 식당으로 가서 원규와 샤오이를 잡아 오라고 명령했다.

한편, 원규와 샤오이는 꽁꽁 묶인 채 똑똑한 사람들의 식당에 갇혀 있었다.

식당 주인은 점원을 시켜서 두 소년을 감시하게 했다. 이 점원은 술을 무척 좋아하는 사람이라 시도 때도 없이 가게의 술 항아리에서 몰래 술을 꺼내 마시곤 했다.

원규와 샤오이는 서로 의미 있는 눈빛을 교환했다. 이어 샤오이가 한숨을 쉬며 입을 열었다.

"세상에 이런 바보가 어디 있을까? 좋은 건 다 남에게 빼앗기고 있는데도 멍청하게 앉아서 보고만 있다니."

그러자 점원이 물었다.

"누가 바보라는 거냐?"

샤오이가 말했다.

"절 보내 주시면 술을 가져다 드릴게요. 저한테 좋은 술이 많이 있거든요."

점원은 좋은 술이라는 말에 귀가 솔깃했는지 금세 눈을 반짝였다.

"주인어른이 나가기 전에 그러셨어. 너희 물건을 가져오면 내게도 나누어 주신다고 말이야. 그럼 나도 좋은 술을 많이 마실 수 있지."

샤오이가 물었다.

"얼마나 준다고 했는데요?"

점원은 손톱을 뜯으며 대답했다.

"먼저 물건을 $\frac{1}{2}$, $\frac{1}{4}$, $\frac{1}{6}$로 세 등분한 다음 그중 $\frac{1}{2}$은 식당에, $\frac{1}{4}$은 주인어른이, $\frac{1}{6}$은 내게 주신다고 하셨어. 그런데 넌 술을 얼마나 가지고 있는데?"

"보통 술 열한 병과 최고급 버드나무 꽃술 한 병이 있어요."

그렇게 대답한 샤오이가 얼굴을 굳히며 말을 덧붙였다.

"그런데 아무래도 주인에게 속은 것 같은데요."

"속았다고?"

점원은 조금 놀란 얼굴이었다.

"이 밧줄을 좀 풀어 주시면 정확히 계산해 드릴 수 있어요."

샤오이가 말했다.

"좋아. 대신 계산이 끝나면 다시 묶을 거다."

샤오이가 고개를 끄덕이자 점원이 밧줄을 풀었다. 샤오이는 종이를 가져다가 식을 적어 가며 설명하기 시작했다.

"주인이 물건을 셋으로 나눈다고 했죠? 그럼 물건 전체를 하나로 보고 나누어야 하는데 $\frac{1}{2}+\frac{1}{4}+\frac{1}{6}=\frac{11}{12}$, 즉 1이 아니죠. 그러니까 주인은 가져온 물건 중에 일부를 빼돌린다는 거예요."

점원은 깜짝 놀라 눈이 휘둥그레졌다.

"그렇구나, 정말 $\frac{1}{12}$ 이 모자라네. 주인어른이 속임수를 썼어!"

샤오이가 말을 이었다.

"더 큰 문제는 이거예요. 술 열두 병 중에 $\frac{1}{12}$ 이면 한 병이죠. 주인은 최고급 버드나무 꽃술은 자기 몫으로 빼돌리고 보통 술 중 두 병을 나누어 주려는 속셈이라고요."

"어림없지!"

흥분한 점원은 얼굴까지 붉히며 말했다.

"안 되겠다. 빨리 주인어른을 만나 담판을 지어야겠어!"

점원은 고개를 돌려 묶여 있는 원규를 보더니 잠시 망설였다.

"걱정하지 마세요. 제가 대신 감시할게요. 주인이 돌아오는 길에 버드나무 꽃술을 모두 마셔 버릴지도 모르는데, 그땐 정말 돌이킬 수 없게 되잖아요."

샤오이는 차분한 표정으로 점원에게 말했다.

"그럼 잠깐만 부탁하자. 금방 돌아올게."

최고급 버드나무 꽃술의 유혹이란 정말 엄청난 모양이었다.
점원이 허겁지겁 밖으로 뛰쳐나가자 두 소년은 키득키득 웃기
시작했다. 샤오이가 막 원규의 밧줄을 풀어 주려고 할 때 점원
이 헐레벌떡 돌아와서 물었다.

"만약 주인이 최고급 버드나무 술을 어딘가에 숨겼으면 어떻
게 찾아내지?"

"음……."

샤오이는 잠시 생각하다 되
물었다.

"식당 주인은 종교가
있나요?"

"말도 마, 미신을 엄청 믿
어. 매일 저 재물신 앞
에 향을 피우면서
돈 많이 벌게 해 달
라고 빌어. 재물
신에게 거짓
말만 하지 않으

면 원하는 것을 얻을 수 있다고 이야기하더라니까?"

점원이 벽에 붙어 있는 재물신의 초상을 가리키며 말했다.

"그렇다면 좋은 방법이 있어요."

샤오이는 작은 주머니와 유리구슬 열여섯 개를 가져왔다. 흰 구슬이 일곱 개, 검은 구슬이 여섯 개, 그리고 붉은 구슬이 세 개였다.

"재물신에게 거짓말을 하지 않으면 원하는 것을 가질 수 있다고 이야기했다고요? 그럼 이렇게 말하세요. 이것들은 재물신이 준 보석 구슬이라고요. 이 중에 붉은 구슬 세 개는 진실을 말하면 가질 수 있어요. 그런 다음 주머니에서 구슬 세 개를 집어 보라고 하세요. 만약 정말로 붉은 구슬만 세 개를 집어내면 주인의 말이 진실이겠고, 흰 구슬이나 검은 구슬이 섞여 나오면 거짓이겠죠."

"좋은 생각이야."

점원은 주머니와 구슬을 받아 들고 다시 뛰어나갔다.

샤오이는 재빨리 샤오제갈의 밧줄을 풀며 말했다.

"우리도 어서 도망치자!"

그러나 원규는 고개를 저었다.

"안 돼. 우린 이곳 지리도 잘 모르잖아. 얼마 못 가서 잡히고 말 거야."

그렇게 말한 원규가 손가락으로 위쪽을 가리켰다.

“일단 천장에 숨어 있자.”

원규는 쪽지를 하나 써서 탁자 위에 올려놓은 다음 샤오이와 함께 천장으로 올라가 몸을 숨겼다.

“만약 주인이 정말로 붉은 구슬만 세 개 집어내면 어쩔 생각이야?”

원규가 작은 목소리로 물었다.

“그럴 가능성은 거의 없어.”

샤오이가 눈을 찡긋 해 보이며 대답했다.

“수학 책에서 봤거든. 구슬 열여섯 개 중 붉은 구슬이 세 개이고 한 번에 구슬을 세 개씩 꺼낼 때, 560번 시도해야 한 번 성공할 수 있다고 말이야.”

“쉿, 누가 온다.”

두 사람은 입을 꾹 다물고 숨을 죽였다.

지수왕은 방에 들어와 바닥에 있는 밧줄을 보고 황급히 물었다.

“녀석들은 어디에 있지?”

그러자 식당 주인이 사방을 두리번거리며 황당하다는 듯 되물었다.

“우리 점원은 또 어디에 있답니까?”

“주인어른, 저 여기에 있습니다.”

그때 점원이 밖에서 헐레벌떡 뛰어들어 와서는 주먹을 불끈 쥐고 따지듯 물었다.

"최고급 버드나무 꽃술을 어디에 숨겨 놓으셨어요?"

"최고급 버드나무 꽃술이라니 무슨 소리를 하는 거야?"

식당 주인이 어리둥절해하며 되묻자 점원이 목소리를 높였다.

"당신이 거짓말을 하는지 알 방법이 있어! 이렇게 하죠. 이 주머니 속에 흰 구슬이 일곱 개, 검은 구슬과 붉은 구슬이 각각 여섯 개와 세 개씩 들어 있어요. 재물신이 당신에게 붉은 구슬 세 개를 줄 겁니다. 단, 붉은 구슬만 세 개예요. 만약 붉은 구슬만 세 개 집어내면 최고급 버드나무 꽃술을 숨기지 않았다는 말이 진실일 테고, 그렇지 못하면 지금 거짓말을 하는 거예요!"

식당 주인은 먼저 재물신에게 기도한 다음 주머니에 손을 넣고 구슬 세 개를 집어냈다. 흰 구슬 두 개와 검은 구슬 한 개였다. 구슬을 다시 주머니에 넣고 한 번 더 해 보았지만, 이런! 이번에는 검은 구슬 두 개와 흰 구슬 한 개가 나왔다.

"최고급 버드나무 꽃술을 어디에 감췄어!"

점원이 거칠게 식당 주인의 멱살을 잡았다.

"멈춰라!"

그때 지수왕이 엄한 목소리로 말했다.

"네가 녀석들에게 속은 거야. 붉은 구슬만 세 개 꺼낼 확률은 매우 낮다. 어서 놈들을 붙잡아 와!"

원규와 샤오이를 뒤쫓으라는 지수왕의 명이 떨어졌지만 두 소년이 어느 방향으로 갔는지 아는 사람은 아무도 없었다.

그때 곰보 중대장이 탁자 위에 있는 종이쪽지를 발견했다.

"여기 좀 보세요. 녀석들이 쪽지를 남겼어요."

식당 점원 앞으로 쓴 쪽지였다.

잠깐 나갔다 올게요. 우리를 찾으려면 다음 그림을 보세요. 검은색 원이 똑똑한 사람들의 식당이에요. 선분 네 개를 한 번에 이어서 그려 원 아홉 개를 모두 지나게 해 보세요. 마지막 선분이 가리키는 방향이 우리가 가는 방향이에요.

"제가 한번 해 보겠습니다."

점원이 펜을 들고 한참 동안 이리저리 선을 그려 보았지만 원 아홉 개를 모두 지나는 선분 네 개를 한 번에 이어 그릴 수가 없었다. 식당 주인과 곰보 중대장까지 나서서 시도해 보았지만 모두 실패했다.

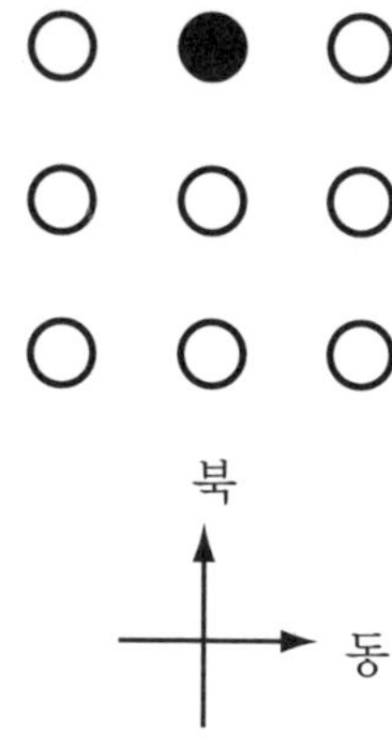

그 모습을 지켜보던 지수왕이 차갑게 웃으며 말했다.

"하나같이 멍청한 놈들뿐이구먼. 어째서 다들 동그라미 안에서만 선을 꺾으려 하는 게야? 원 밖에서 꺾어도 되지 않느냐. 이렇게 45도 방향으로 돌려서 그리면 훨씬 쉽지 않느냔 말이다."

지수왕은 먼저 그림을 왼쪽으로 45도 돌려 네 개의 선분을 그렸다. 마지막 선의 방향은 아래를 가리키고 있었다. 그다음 다시 그림을 오른쪽으로 45도 돌려서 마찬가지로 선을 그리니 역시 마지막 선은 아래쪽으로 빠졌다.

점원이 말했다.

"이제 되었네요! 그림의 위쪽이 북쪽이고 아래쪽이 남쪽인데 두 장 모두 아래쪽을 가리키고 있으니 남쪽으로 간 것이 틀림없어요. 빨리 뒤쫓아 갑시다!"

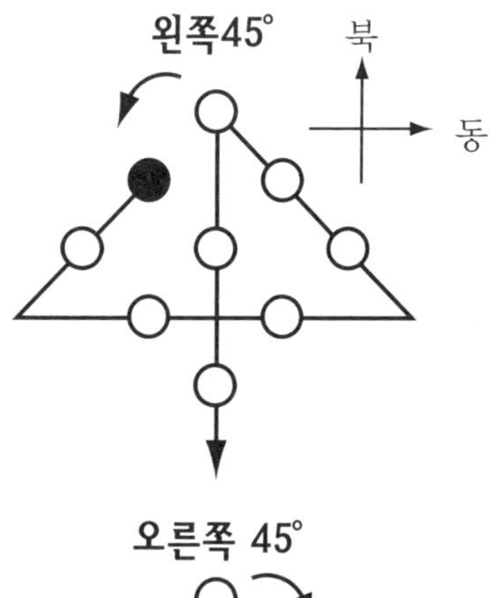

그렇게 말을 마친 점원은 남쪽을 향해 달려갔다.

"돌아와라!"

지수왕이 소리쳤다.

"내가 그림을 45도 돌려놓았는데도 아래쪽이 남쪽이란 말이냐?"

"아하, 그렇군요. 하나는 남동쪽을 가리키고, 또 하나는 남서쪽을 가리키고 있으니 둘 중 한 방향으로 갔겠군요."

그제야 그림을 이해한 점원이 고개를 끄덕였다. 지수왕은 잠시 고민하더니 결정을 내렸다. 자신과 식당 주인은 병사 둘과 함께 남동쪽으로, 곰보 중대장과 점원은 병사 둘을 데리고 남서쪽으로 가도록 했다.

"국왕 폐하, 그 두 녀석을 잡으러 가는데 어째서 저와 제 점원도 가야 합니까? 가게에 사람이 없으면 누가 빵을 가져갈지도 모른다고요."

식당 주인이 물었다.

그러자 지수왕은 두 눈을 부라리며 소리쳤다.

"너희 둘을 데려가는 것은 이 근처 지리에 밝기 때문이다. 그

깟 빵 몇 개 도둑맞는 것이 뭐 그리 대수란 말이냐!"

식당 주인은 더 말할 엄두를 내지 못하고 입을 꾹 다문 채 얌전히 지수왕과 함께 남동쪽으로 갔다. 한참을 찾아도 근처에는 개미 한 마리 보이지 않았다. 그런데 갑자기 먹구름이 잔뜩 끼더니 눈이 내리기 시작했다. 얼마 지나지 않아 땅과 나무들이 눈으로 온통 하얗게 뒤덮였다. 병사들이 원규와 샤오이를 찾고 있을 때, 갑자기 찾는 것을 멈추라는 지수왕의 명령이 떨어졌다.

"폐하, 왜 멈추십니까?"

식당 주인이 물었다.

"녀석들은 이쪽으로 가지 않았다."

지수왕이 대답했다.

"그걸 어떻게 아시지요?"

어리둥절한 표정의 식당 주인에게 지수왕이 대답했다.

"눈 위에 발자국이 없지 않으냐. 발자국을 남기지 않았으니 녀석들이 날아가기라도 했다는 말이냐? 곰보 중대장 쪽으로 돌아가자."

말을 마친 지수왕은 발길을 돌렸다. 그렇게 어느 정도 걸어갔을 때 바닥에 흩어진 발자국이 보였다.

식당 주인은 발자국을 살펴보고는 신이 나서 말했다.

"이건 우리 점원의 발자국입니다. 그 녀석 신발과 같은 모양이에요."

발자국은 어느 정원의 입구까지 이어졌다. 정원 안으로 들어서자 한 오두막이 보였다. 지수왕은 오두막으로 다가가 발로 문을 걷어차 열며 소리쳤다.

"안에 숨어 있는 놈은 어서 나와라!"

"항복! 항복!"

곰보 중대장과 식당 점원이 두 손을 번쩍 든 채 오두막에서 나왔다.

"너희가 어째서 여기에 있는 게냐? 원규와 샤오이는 어디에 있고?"

놀란 지수왕이 물었다.

그러자 곰보 중대장이 손을 휘휘 저었다.

"녀석들은 여기에 없었습니다."

"속았구나! 원규는 이곳 지리를 잘 모르니 쪽지를 남겨서 우리에게 길을 안내하도록 한 것이다. 녀석들은 우리 뒤쪽으로 따라오고 있을 거야."

"그럼 이제 어쩌죠?"

곰보 중대장의 물음에 지수왕은 눈을 이리저리 굴리더니 표독스럽게 말했다.

"아직 숲을 빠져나가지 못했을 것이다. 내 이놈들을 반드시 잡고야 말겠어."

지수왕이 부하들에게 명령을 내렸다.

"봐라. 눈 위에 발자국이 없으니 녀석들은 앞서 도망친 것이 아니라 우리 발자국을 따라온 거야. 믿지 못하겠거든 돌아가서 발자국을 확인해 봐라."

식당 점원이 뒤쪽으로 달려가 발자국을 보니 과연 눈 위에는 낯선 발자국들이 있었다.

"놈들의 발자국을 따라가면 잡을 수 있을 게 아닙니까?"

곰보 중대장이 말했다.

"아니야."

지수왕은 고개를 저으며 말을 이었다.

"원규와 샤오이는 똑똑한 놈들이다. 무작정 뒤따라가면 잡을 수 없을 게야."

지수왕은 집게손가락으로 공중에 원을 몇 개 그리며 말했다.

"함정을 좀 만들어야겠어. 그놈들이 제 발로 걸어 들어오도록 말이다. 가자!"

"가다니요? 어디로 말씀이십니까?"

식당 주인은 지수왕이 무슨 생각을 하는지 전혀 알 수가 없었다.

"똑똑한 사람들의 도시로 간다!"

그렇게 말한 지수왕은 똑똑한 사람들의 도시를 향해 발길을 옮겼다.

똑똑한 사람들의 도시는 이 나라의 수도이다. 정사각형 모양의 성벽에는 각각 병사가 여섯 명씩 망을 보고 있었다. 원규와 샤오이는 지수왕의 뒤를 따라 똑똑한 사람들의 도시에 도착했다. 그리고는 먼저 성벽 주변을 한 바퀴 돌아보기로 했다.

샤오이가 원규에게 작은 소리로 말했다.

"성벽마다 병사가 여섯 명씩 있어."

그때였다. 갑자기 망루에서 나팔소리가 울려 퍼지더니 성벽을 지키던 병사들이 다른 병사들과 교대했다. 원규는 성벽을 지키는 병사 수가 달라진 것을 보고 샤오이를 툭툭 쳤다.

"저길 봐. 병사가 더 많아진 것 같아."

샤오이는 성벽을 한 바퀴 쭉 둘러보았다.

"아냐. 여전히 여섯 명씩이야. 대열만 달라졌어. 아까는 두

명씩 짝을 지어 서 있었는데 지금은 일렬로 서 있어. 그런데 원규야, 병사가 많아지면 무슨 문제라도 있어?"

"병사 숫자가 늘면 경비를 강화했다는 뜻이잖아. 지수왕이 우리가 뒤따라가고 있다는 걸 알아차린 거야."

원규는 마음을 단단히 먹었다.

"호랑이를 잡으려면 호랑이 굴로 들어가야지. 성 안으로 들어가자."

두 소년은 사람들 틈에 섞여 성 안으로 향했다. 걸으면서 계속 성벽 쪽을 확인하던 원규가 갑자기 우뚝 멈춰 섰다.

"왜 그래? 무슨 일이야?"

샤오이가 물었다. 원규는 주위에 사람이 많은 것을 보고는 입을 꾹 다물고 고개를 숙인 채 도시로 들어갔다. 그렇게 둘이 막 성 안으로 발을 디뎠을 때였다. 망루에서 징소리가 울리더니 사방의 성문이 동시에 닫히고 성을 드나드는 것이 금지되

었다.

"방금 성벽에 있는 병사 중에 지수왕 같이 생긴 사람이 있었어. 아까 성벽에 서 있던 병사들의 대열이 어땠는지 기억나?"

원규가 물었다.

"응."

샤오이가 병사들의 배치를 그려 보이자 원규가 고개를 끄덕였다.

"역시 그랬군. 성벽을 지키는 병사들의 숫자가 네 명 늘었어. 아마 지수왕과 곰보 중대장, 식당 주인과 점원 이렇게 네 명이 병사로 변장하고 우리를 지켜보는 것 같아."

"성벽마다 여전히 여섯 명씩 있었는데 어떻게 네 명이 늘었다는 거야?"

샤오이는 이해가 되지 않는다는 얼굴

이었다.

"모서리에 서 있는 병사 말이야, 예를 들어 북동쪽 모서리에 두 명이 있다고 하면 네가 북쪽 성벽에 있는 병사를 셀 때 그 둘을 함께 세었겠지? 동쪽 성벽의 병사를 셀 때도 또 그 둘을 포함했을 거야. 그러니 두 명을 중복해서 센 거지."

원규와 샤오이가 그린 배치도를 가리키며 말했다.

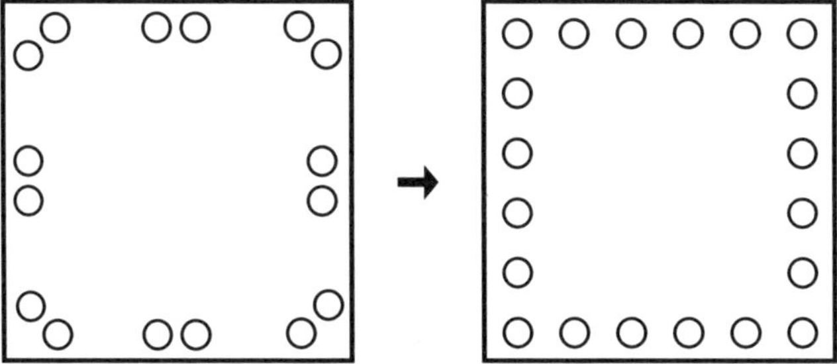

"아하, 알겠다. 성벽 모서리에 있는 병사가 두 명에서 한 명으로 줄어들어도 여전히 각 성벽에 여섯 명씩 있게 하려면 병사가 네 명 더 필요하니까, 열여섯 명에서 스무 명으로 늘어난 거구나."

샤오이가 말했다.

그렇게 두 사람이 한창 이야기를 나눌 때였다. 병사 복장을 한 곰보 중대장이 병사들을 이끌고 이쪽으로 걸어왔다.

"곰보 중대장이야!"

원규는 목소리를 낮춰 말하고는 샤오이를 끌고 다른 길로 걸어갔다. 그쪽 길 역시 병사들 한 무리가 걸어오고 있었다. 맨 앞에 선 사람은 똑똑한 사람들의 식당 주인이었다.

원규와 샤오이는 다시 방향을 틀어 다리 위로 올라갔다.

"멈춰! 신분증을 보여라."

한 젊은 군관이 신분증을 검사하고 있었다.

"이걸 어쩌지, 잃어버렸어요."

원규는 주머니를 뒤지는 시늉을 하며 말했다.

"잃어버렸다고? 그 말을 어떻게 믿지?"

젊은 군관은 의심 어린 눈초리로 원규를 훑어보았다.

"뭐든 원하시는 대로 하세요."

원규가 두 손을 펼쳐 보이며 대답했다.

"이렇게 하자. 이건 지수왕께서 가르쳐 주신 방법인데 거짓 말인지 아닌지를 알아볼 수 있지."

잠시 생각하던 젊은 군관은 이렇게 말하고는 주머니에서 종 이 한 장을 꺼내 같은 크기로 5등분 했다.

"한 종이에 '진실'이라고 쓰고 나머지는 '거짓'이라고 쓴 다 음 네가 제비를 뽑는 거야. 만약 '진실'이 나오면 네 말이 진짜 라고 믿겠다. 하지만 만약 '거짓'을 뽑게 되면 넌 거짓말을 하 고 있는 거다."

젊은 군관은 몸을 돌려서 제비 다섯 개에 모두 '거짓'이라고 쓰고는 잘 접어서 원규에게 내밀었다.

원규는 종이 한 장을 뽑아 펼쳐보고는 큰 소리로 말했다.

"'진실'이라고 적혀 있네요."

젊은 군관이 어리둥절해할 때, 원규는 종이쪽지를 구겨 강물에 던져 버렸다.

그러자 젊은 군관이 화를 내며 물었다.

"어째서 버리는 거냐? 그럼 종이에 '진실'이라고 적혀 있었는지 확인할 방법이 없잖아!"

원규는 웃으며 남은 네 장의 종이를 모두 펼쳐 보였다. 전부 '거짓'이라고 적혀 있었다.

"보세요. 남은 네 장에 모두 '거짓'이라고 쓰여 있잖아요. 제가 뽑은 제비가 '진실'이었다는 증거죠. 날 속이려고 다섯 장 모두 '거짓'이라고 썼을 리는 없을 테니까요. 그렇죠?"

"그……."

젊은 군관은 멍하니 입을 벌린 채 할 말을 잃었다.

"허허허."

그때 뒤쪽에서 갑자기 누군가의 웃음소리가 들렸다.

"그런 애들 장난 같은 방법으로 어떻게 원규를 속일 수 있겠느냐?"

원규와 샤오이가 고개를 돌려 뒤쪽을 바라보았다.

바로 지수왕이었다.

원규와 샤오이는 지수왕의 계략대로 똑똑한 사람들의 도시에 들어와 그만 다리 위에서 붙잡히고 말았다.

"오늘 저녁 왕궁 앞에서 똑똑한 사람들 경연 대회를 열겠다. 특별히 원규와 샤오이를 초청했으니, 똑똑한 사람들의 도시에 사는 사람은 빠짐없이 참가하도록 해라."

지수왕이 도시 전체를 향해 말했다.

저녁이 되자 우렁찬 나팔 소리와 함께 경연 대회가 시작되었다. 대회의 진행 방식은 이러했다.

누구든 한 사람이 무대 위로 올라와 문제를 낸 다음 아무나 한 명을 골라 답하게 하는 것이었다. 만약 한 사람이 연속으로 세 번 정답을 맞히면 그 사람의 소원을 들어주고, 답이 틀리면 매를 맞게 된다.

곰보 중대장이 가장 먼저 무대에 올랐다. 곰보 중대장은 주머니에서 빨간색 카드 열세 장을 꺼냈다. 숫자는 1부터 13까지로, 그중에서 J, Q, K는 각각 11, 12, 13을 의미했다. 원규의 실력을 아는 곰보 중대장은 감히 원규에게 답을 맞히라고 할 엄두를 내지 못했다. 대신 만만해 보이는 샤오이를 무대로 불렀다.

곰보 중대장은 카드 열세 장을 샤오이에게 주면서 마음대로 섞되 한 장만 기억하라고 말했다.

"방금 기억한 카드 숫자에 2를 곱하고 3을 더한 다음 5를 곱하고 마지막으로 25를 빼 봐. 얼마가 나오는지 내게 말하면 네가 기억한 카드 숫자를 맞혀 보지. 자, 계산 끝났나?"

"60이에요."

샤오이가 대답했다.

그러자 곰보 중대장이 재빨리 7번 카드를 꺼내 들고 말했다.

"네가 기억한 카드가 7번이지?"

샤오이는 고개를 끄덕였다.

"맞아요."

무대 주위에서 환호성이 울렸다.

"어떤 원리가 숨어 있는지

알겠냐?"

곰보 중대장은 어깨를 으쓱하며 샤오이에게 물었다.

"어린애들이나 하는 쉬운 마술이죠. 중대장님이 생각한 공식
은 이거잖아요.

10χ-10=계산 결과

예를 들어 제가 말한 값이 60이라면 10χ-10=60,

즉 10χ=70

χ=7.

이 χ의 값이 바로 제가 생각한 숫자고요. 그렇죠?"

얼굴에 미소를 띤 샤오이가 대답했다.

그러자 곰보 중대장은 이마에 흐르는 땀을 훔쳐내며 말했다.

"그렇지만 난 너한테 10을 곱하라거나 빼라고 한 적이 없어!"

샤오이가 말했다.

"그건 간단한 속임수예요. 중대장님이 제게 숫자에 2를 곱하
고 3을 더한 다음 5를 곱하고 다시 25를 빼라고 하셨죠? 이것
을 제가 기억한 수를 χ라고 가정한 다음 식
으로 정리하면,

(2χ+3)×5-25

=10χ+15-25

=10χ-10

이렇게 간단하게 계산 한 번만 해 보아도

속임수는 금방 들통 나게 되죠!"

곰보 중대장은 시뻘게진 얼굴로 말없이 무대에서 내려왔다. 동시에 똑똑한 사람들의 식당 주인이 무대 위로 올라왔다.

"내가 문제를 내지. 하루는 열 명이 우리 가게에 빵을 사러 왔어. 한 사람도 빠짐없이 빵을 사 갔는데 그들이 가지고 간 빵의 개수에 모두 숫자 8이 들어갔지. 열 명이 사 간 빵은 모두 100개다. 각각 빵을 몇 개씩 사 갔을까? 어서 대답해 봐!"

샤오이는 전혀 당황한 기색 없이 침착하게 대답했다.

"첫 번째 가능한 답은 아홉 명이 빵을 8개씩 사 가고 나머지 한 명이 28개를 사 간 경우예요. 두 번째 답은 여덟 명이 빵을 8개씩 사 가고 남은 두 명이 18개씩 사 간 경우고요."

"어떻게 그렇게 빨리 계산해 낼 수 있지?"

놀란 식당 주인이 물었다.

"생각해 보세요!"

샤오이가 설명하기 시작했다.

"한 사람당 적어도 빵 8개를 사 갔겠죠? 그럼 모두 80개가 되고, 20개가 남잖아요. 이때 두 가지 경우가 발생해요. 첫 번째는 빵 20개를 한 사람이 모두 사 갔을 경우로 이때는 아홉 명이 8개씩, 나머지 한 명이 28개를 사 가지고 가면 되죠. 두 번째는 두 명이 빵 20개를 나눠 가졌을 경우예요. 그럼 여덟 명이 8개씩 사 가고 나머지 두 명이 18개씩 사 가면 되죠."

“맞다. 맞아.”

그렇게 식당 주인이 막 무대를 내려가려고 할 때였다.

“빵을 사 간 분들에게 알려 드릴 게 하나 있어요. 그 가게에서 산 빵을 먹을 땐 조심해야 한다고요. 주인이 빵에 약을 타서 큰일이 날 수도 있거든요!”

샤오이가 웃으며 무대 아래를 향해 말했다.

그러자 무대 아래에 있던 사람들이 웃기 시작했고, 식당 주인은 당황한 얼굴로 황급히 무대에서 내려왔다.

“이번엔 내 차례다!”

고함과 함께 똑똑한 사람들의 식당 점원이 나타났다. 성큼성큼 걸어 단숨에 무대 위로 올라온 점원은 기세 좋게 소리쳤다.

“나한텐 못 당할 거다! 내 문제를 한번 풀어 봐.”

그때 누군가가 외쳤다.

“내려와라!”

점원이 고개를 돌려 보니 지수왕이 언제 올라왔는지 무대 위에 서 있었다. 지수왕은 차가운 목소리로 말했다.

“이번이 세 번째 문제다. 저 녀석이 정답을 맞히면 소원으로 네 목을 달라고 할 게야. 그래도 해 보겠느냐?”

“그, 그건······.”

점원은 자기 목을 감싸고는 도망치듯 무대 아래로 내려갔다.

“역시 똑똑하구나, 샤오이. 그러나 내가 내는 세 번째 문제는 쉽지 않을 것이다.”

지수왕은 미소를 지어 보였지만 그의 눈은 전혀 웃지 않았다.

“한번 해 볼게요.”

샤오이가 웃으며 대답했다.

지수왕이 손짓하자 생김새가 똑같은 소년 두 명이 올라왔다.

“이 쌍둥이 형제는 구분할 수 없을 만큼 똑같이 생겼지. 다른 점이 딱 하나 있는데, 한 명은 진실만 말하고 또 한 명은 거짓말만 한다는 거야.”

지수왕은 잠시 말없이 샤오이를 응시했다.

“너희 나라로 돌아가고 싶지? 중국으로 갈 수 있는 통행증이 내 주머니 안에 있다. 쌍둥이 형제가 어느 쪽 주머니에 통행증이 들어 있는지 알려 줄 테니 물어보도록 해. 딱 한 번만 질문할 수 있다.”

“그건…….”

이번 문제는 역시 만만하지 않았다.

“서둘러라! 만약 답을 말하지 못하면 틀린 것으로 한다. 경연 대회의 규칙대로 매를 맞아야 해!”

지수왕은 그렇게 말하며 허리에 두른 채찍을 풀었다.

샤오이는 두 손으로 머리를 짚고 잠시 생각하더니 소리쳤다.

“그렇지!”

그러고는 쌍둥이 형제 중 한 명에게 물었다.

"만약 내가 통행증이 어느 쪽 주머니에 있는지 물으면 네 형제가 뭐라고 대답할까?"

소년이 대답했다.

"왼쪽 주머니에 있다고 말할 거야."

그러자 샤오이는 신이 나서 '야호!' 하고 외치고는 재빨리 지수왕의 오른쪽 주머니를 뒤져서 통행증을 꺼냈다.

지수왕의 얼굴에는 크게 실망한 기색이 역력했다.

"오른쪽 주머니에 있다는 것을 어떻게 알았지?"

얼굴 가득 웃음을 띤 샤오이가 대답했다.

"한 명은 진실을, 한 명은 거짓을 말한다고 했잖아요. 진실과 거짓을 합하면 틀림없이 거짓이겠죠. 즉 '왼쪽 주머니에 있다.' 라는 말은 거짓인 것이 확실하니 통행증은 오른쪽에 있을 수밖에요!"

그때 지수왕이 얼굴빛을 바꾸며 크게 소리쳤다.

"여봐라, 뭣들 하는 게냐!"

똑똑한 사람들 경연 대회에서 샤오이는 연달아 세 문제를 맞히고 지수왕의 주머니에서 집으로 돌아갈 수 있는 통행증까지 얻었다. 바로 그때, 지수왕이 부른 병사 두 명이 무대 위로 올라와 샤오이의 양 발목에 족쇄를 채웠다.

그러자 원규가 무대로 뛰어 올라와 소리쳤다.

"발목에 족쇄를 채우면 어떻게 집으로 돌아가란 말이죠?"

"하하하……."

그렇게 한참을 미친 듯 웃던 지수왕이 입을 열었다.

"그거야 네가 도와주면 되지 않겠느냐! 통행증에는 너희 둘의 이름이 모두 적혀 있지. 너희 나라로 돌아가는 방법도 자세히 쓰여 있다."

지수왕은 샤오이의 발목에 채워진 족쇄를 가리켰다.

"저 족쇄는 비밀번호를 알아야 열 수 있어. 번호는 1abcde다. 이 여섯 자리 숫자에 3을 곱하면 abcde1이 되지. 번호가 무엇일지 계산해 보도록 해라. 단, 한 가지 조심해야 할 것이 있다. 만약 번호를 잘못 누르면 족쇄가 발목을 조여서 샤오이의 다리는 무사하지 못할 것이야!"

원규가 물었다.

"걸을 수는 있나요?"

그러나 지수왕은 대답하지 않은 채 오른손으로 정면을 가리켰다.

"자, 그럼 가 보도록."

원규는 아무 말 없이 샤오이를 업고 걷기 시작했다. 통행증에 적힌 길을 따라 걷다 보니 큰 강이 나타났다. 강에는 널빤지 여러 개를 밧줄로 이은 다리가 있었다. 길이가 제법 긴 다리 아래에는 통나무 몇 개를 세워 받쳐 놓았다. 다리 옆에 있는 나무 팻말에 '이 다리는 최대 50킬로그램까지 버틸 수 있음.' 이라고 쓰여 있었다.

"샤오이, 몸무게가 얼마야?"

원규는 샤오이를 바닥에 내려놓고 땀을 닦으며 물었다.

"35킬로그램."

"난 45킬로그램이니까 내가 너를 업고 건널 수는 없겠다."

그러자 샤오이가 말했다.

"원규야, 너 먼저 한국으로 돌아가. 나를 업고 가면 네가 너무 힘들잖아."

"말도 안 되는 소리 마! 어떻게 널 여기 버려두고 혼자 갈 수 있겠어?"

원규가 씩 웃으며 말했다.

"좋은 생각이 있어!"

다리 주변을 둘러보던 원규가 갑자기 손뼉을 탁 쳤다.

원규는 널빤지들을 이은 밧줄을 풀고 널빤지 한 개를 빼냈다. 그런 다음 밧줄의 한쪽 끝을 널빤지에 매어 단단히 고정하고 샤오이를 그 위에 똑바로 눕혔다. 그러고는 밧줄을 끌고 다리 위를 걷자 샤오이를 태운 널빤지도 금세 강을 건널 수 있었다.

"물의 부력을 이용해서 함께 강을 건널 생각을 했구나!"

샤오이가 기뻐하며 말했다.

그때 원규가 무릎을 탁 쳤다.

"아, 우리 둘 다 정신이 없나 봐. 족쇄만 풀면 되는데 왜 그 생각을 못 했지?"

그러자 샤오이가 대꾸했다.

"그거야 금방 풀 수 있어. 비밀번호는 여섯 자리 숫자 1abcde 이고, 3을 곱하면 abcde1이 된다고 했으니까 이걸로 식을 세울 수 있겠다. $e \times 3$의 일의 자리 숫자는 1인데 $7 \times 3 = 21$만이 조건을 충족할 수 있으니 e는 7이 분명해. 21의 십의 자리는 2이니까 $d \times 3$의 일의 자리 숫자는 5가 되어야겠지. 그럼 d는 5가 될 테고. 이런 식으로 계산하면 c=8, b=2, a=4라는 답을 얻을 수 있어."

샤오이는 바닥에 계산식을 몇 개 적었다.

$$
\begin{array}{c}
1abcde \\
\times \quad 3 \\
\hline
abcde1
\end{array}
\Rightarrow
\begin{array}{c}
1abcd7 \\
\times \quad 3 \\
\hline
abcd71
\end{array}
\Rightarrow
\begin{array}{c}
1abc57 \\
\times \quad 3 \\
\hline
abc571
\end{array}
\Rightarrow
\begin{array}{c}
1ab857 \\
\times \quad 3 \\
\hline
ab8571
\end{array}
\Rightarrow
\begin{array}{c}
1a2857 \\
\times \quad 3 \\
\hline
a28571
\end{array}
\Rightarrow
\begin{array}{c}
142857 \\
\times \quad 3 \\
\hline
428571
\end{array}
$$

"하하, 계산했어! 비밀번호는 142857이야. 이 번호로 족쇄를 풀어 봐야겠다."

기쁜 나머지 두 손까지 번쩍 들고 좋아하던 샤오이가 족쇄에 손을 대자 원규가 외쳤다.

"기다려! 만에 하나라도 틀린 답이면 큰일이잖아. 이렇게 하자. 내가 방정식으로 다시 한 번 풀어 볼 테니까 같은 답이 나오는지 보자고. 확인하고 나서 족쇄를 풀어도 늦지 않으니 말이야."

원규가 바닥에 식을 써 나가기 시작했다.

abcde=χ로 가정하면,

1abcde=100000+χ

abcde1=10×abcde+1=10χ+1 이니까,

3×(100000+χ)=10χ+1

300000+3χ=10χ+1

7χ=299999

χ=42857

즉 1abcde=142857

"결과가 같아! 비밀번호는 확실히 이거야."

샤오이가 소리쳤다.

원규가 조심스럽게 142857을 누르자 철컥 소리와 함께 족쇄가 풀렸다. 두 소년은 매우 기뻐하며 함께 웃었다.

"한국과 중국으로 가려면 어느 쪽으로 가야 하는지 먼저 물어보는 게 좋을 것 같은데."

샤오이가 말하던 그때였다. 갑자기 누군가가 숨죽여 흐느끼는 소리가 들렸다. 두 사람이 주위를 둘러보니 늙은 미장이가

산더미처럼 쌓인 벽돌 앞에 앉아 울고 있었다.

"할아버지, 무슨 일이세요?"

원규가 말을 걸었다.

"벽돌 36개가 여섯 개씩 나뉘어 각각 A, B, C, D, E, F의 알파벳이 새겨져 있단다."

늙은 미장이는 쌓여 있는 벽돌 더미를 가리키며 말했다.

"맞아요. 벽돌마다 알파벳이 새겨져 있어요."

샤오이가 벽돌을 살펴보고는 대답했다.

"지수왕이 이 벽돌을 이용해서 사각형 모양의 바닥을 깔라고 했지. 단, 가로나 세로로 같은 알파벳이 이어져서는 안 된다는 거야. 오늘 오전 내내 해 보았는데 어떻게 해야 할지 모르겠구나. 오후까지 완성해 놓지 않으면 지수왕이 우리 가족을 가만두지 않을 텐데 말이다."

늙은 미장이가 한숨을 쉬며 말했다.

"너무 걱정하지 마세

요. 저희가 도와 드릴게요."

원규가 상냥하게 말했다.

원규는 먼저 A가 새겨진 벽돌 여섯 개를 대각선으로 놓았다. 다음에는 샤오이가 B가 새겨진 벽돌 다섯 개를 가져와 비스듬한 대각선으로 놓고 나머지 한 개는 왼쪽 모서리에 놓았다. 그렇게 두 사람이 여섯 개씩 벽돌을 가져와 깔기 시작한 지 얼마 지나지 않아 벽돌 바닥이 완성되었다.

A	B	C	D	E	F
F	A	B	C	D	E
E	F	A	B	C	D
D	E	F	A	B	C
C	D	E	F	A	B
B	C	D	E	F	A

"너희 정말 똑똑하구나! 이렇게 일정한 규칙대로 깔아야 하는 걸 난 무턱대고 하려 했으니 안 될 수밖에."

늙은 미장이는 원규와 샤오이에게 고마워하며 말했다.

미장이와 헤어지고 조금 걸어갔을 때였다. 갑자기 저 앞쪽에서 누군가의 울음소리가 들려왔다. 따라가 보니 가축 몰이꾼 차림을 한 소년이 있었다.

샤오이는 바위 위에 앉아 울고 있는 소년에게 다가가 물었다.

"이봐, 무슨 일이라도 있는 거야?"

그러자 몰이꾼 소년은 고개를 들어 샤오이를 흘깃 쳐다보고는 입을 열었다.

"나랑 나이 차이도 얼마 나지 않는 것 같은데, 너한테 말해 봤자 소용없어!"

샤오이는 고개를 저으며 말했다.

"한 사람이라도 늘어나면 그만큼 지혜를 모을 수 있잖아. 무슨 일인지 말해 봐."

그러자 몰이꾼 소년이 눈물을 훔치며 자신의 이야기를 하기 시작했다.

"며칠 전에 나귀 한 마리를 몰고 '딸기코 통닭집' 앞을 지나가고 있었어. 그곳 주인 별명이 딸기코인데 그 사람이 자기네 통닭을 먹어 보라면서 날 막 끌고 들어가는 거야."

"그래서 먹었어?"

"응. 닭 크기에 상관없이 한 마리당 한 냥이라고 했어. 그런데 통닭 한 마리를 먹고 나서 보니 주머니에 돈이 없는 거야."

"그래서 어떻게 했는데?"

"딸기코 주인은 돈이 없어도 괜찮다면서 장부에 적어 둘 테니 나중에 달라고 했어."

"좋은 사람이네."

"흥, 좋은 사람이긴! 지금 그 사람 때문에 울고 있는 거라고!"

몰이꾼 소년은 씩씩대며 말을 이었다.

"며칠 지나서 돈을 가지고 통닭집에 갔지. 그런데 딸기코 주인이 주판을 꺼내서 계산하더니 40냥을 달라는 거야!"

그 말을 들은 샤오이가 놀란 얼굴로 되물었다.

"한 마리당 한 냥이라고 했잖아. 넌 한 마리만 먹었는데 어째서 40냥을 달라는 거지?"

"그러니까 말이야. 나도 똑같이 물어봤어. 그러니까 주인은 만약 그날 내가 그 닭을 먹지 않았으면 며칠 동안 그 닭이 적어도 달걀을 3개는 낳았을 거라고 말했어. 그 달걀에서 병아리 세 마리가 부화해서 자라면 닭이 되고, 그 닭들이 각자 달걀을 3개씩 낳으면 총 9개 달걀에서 병아리 9마리가 나오겠지. 그 병아리들이 또 닭이 되어서 달걀을 낳으면 총 27마리 닭이 되었을 거라는 거야. 그러니까 만약 내가 그 닭을 먹지 않았으면, 그 닭은 1+3+9+27=40마리가 된다며, 한 마리당 한 냥이니 40마리는 총 40냥이라는 거지!"

"그래서 어떻게 되었는데?"

샤오이가 흥미롭다는 듯이 되물었다.

"딸기코 주인이 꼭 40냥을 받아야겠다고 하는데 어쩌겠어. 주는 수밖에. 맙소사, 40냥이면 내가 반년 동안 일해야 벌 수 있는 돈이라고!"

몰이꾼 소년이 대답했다.

"정말 치사한 사기 수법이군. 지금 돈 좀 갖고 있어?"

잠시 뭔가를 생각한 샤오이가 말했다.

"두 냥 남았어."

몰이꾼 소년이 주머니를 뒤적이며 말했다.

"잠깐만 좀 빌려 줘."

샤오이는 두 냥을 들고 딸기코 통닭집으로 달려갔다. 그리고 가게 안으로 들어가 딸기코 주인에게 말했다.

"주인 양반, 닭을 사러 왔어요. 지금 두 냥을 드리고 갈 테니 오늘 저녁까지 통닭을 준비해 주세요.”

딸기코 주인은 얼굴 가득 미소를 띠며 말했다.

“예, 예. 저녁까지 꼭 준비해 드립죠.”

해가 지자 샤오이는 몰이꾼 소년과 함께 딸기코 통닭집으로 갔다. 딸기코 주인이 급히 통닭 두 마리를 가져와서는 씩 웃으며 말했다.

“여기 주문하신 통닭 두 마리입니다요.”

그러자 샤오이가 얼굴을 굳히며 물었다.

“어째서 두 마리뿐이죠?”

“한 마리당 한 냥이고 아까 두 냥을 주셨으니 두 마리가 아닙니까?”

“이봐요. 아무래도 실수가 있었던 것 같은데요.”

샤오이는 사뭇 진지하게 말을 이었다.

“제가 아까 드린 돈 두 냥은 보통 돈이랑 다른 돈이에요. 돈을 낳을 수 있는 돈이거든요!”

“돈이 돈을 낳는다고요?”

딸기코 주인이 놀라 눈을 동그랗게 떴다.

“그래요. 동전 한 닢당 적어

도 하나씩 돈을 낳지요. 제가 두 냥을 드렸으니 한 시
간 후에는 한 냥이 석 냥이 되어 총 여섯 냥이 돼요. 다시 한 시
간이 지나면 여섯 냥은 열여덟 냥이 되고, 세 시간이 지나면 열
여덟 냥은 쉰넉 냥이 되죠. 모두 합하면, 2+6+18+54=80냥이
에요. 80냥을 드린 셈이니 통닭 80마리를 주셔야지요.”

그 말을 들은 딸기코 주인은 온 얼굴이 딸기코처럼 붉어지더
니 소리쳤다.

“이런 사기꾼 같으니! 세상에 돈을 낳는 돈이 어디 있느냐?”

그러자 시종일관 예의 바르던 샤오이도 큰 목소리로 맞섰다.

“사기꾼은 당신이야! 세상에 죽은 닭이 알을 낳는 경우가 어
디 있어요?”

뒤에 서 있던 몰이꾼 소년이 딸기코 주인을 가리키며 말했다.

“통닭이 달걀을 낳을 수 있다면 돈도 돈을 낳을 수 있죠?”

그러자 주위에서 지켜보던 사람들이 딸기코 주인을 향해 손
가락질하기 시작했다. 그는 더 이상 대꾸할 말이 없자 서둘러
40냥을 꺼내어 몰이꾼 소년에게 돌려주었다.

“제가 주문한 통닭 두 마리도 필요 없으니 돈을 돌려주세요.”

샤오이가 손을 흔들며 말했다.

딸기코 주인은 별 수 없이 고개를 끄덕였다.

몰이꾼 소년과 헤어진 샤오이는 되돌아 걷기 시작
했다. 머릿속에는 온통 원규를 찾아야 한다는 생각뿐이었다.

그때 길을 걷던 샤오이의 발에 무언가가 툭 채였다.

"아야!"

비명이 들려 자세히 보니 한 소년이 길가에 앉아 있었다.

"이걸 어쩌죠? 정말 죄송합니다. 길이 어두워서요."

샤오이는 황급히 공손하게 사과했다.

"아니에요. 제가 길을 막고 있었네요. 미안합니다."

소년은 일어서서 바지에 묻은 흙을 툭툭 털어냈다. 평범하지
않은 차림새였다. 머리에 왕관을 쓴 소년은 붉은색 제복과 녹
색 바지를 입고 무릎까지 오는 부츠를 신고 있었다. 등 뒤로 두
른 금빛 망토까지 동화 속에 나오는 왕자의 모습이었다.

샤오이는 소년을 향해 정중히 허리를 굽혀 인사했다.

"안녕하세요. 저는 중국에서 온 샤오이입니다."

그러자 소년도 급히 예의를 갖추며 말했다.

"저는 진실의 나라에서 온 에이크 왕자입니다. 진실의 나라는 똑똑한 사람들의 나라와 서로 이웃하고 있어요. 저는 지수왕의 계략에 걸려 이곳에 왔고요."

"그럼 왕자님도 지수왕에게 속았다는 말씀이세요?"

에이크 왕자가 대답했다.

"오늘 아침, 지수왕이 함께 사냥하러 가자며 저를 이 들판으로 불러냈어요. 그런데 갑자기 곰보 중대장을 시켜 제 총을 빼앗더니 문제를 하나 냈죠."

샤오이가 물었다.

"무슨 문제였는데요?"

"지수왕이 며칠 전에 여우를 사냥했대요. 사냥한 여우의 절반과 여우 반 마리를 왕비에게 주고, 남은 여우의 절반과 또 반 마리를 첫째 왕자에게 주고, 거기서 남은 여우의 절반과 반 마리를 둘째 왕자에게 준 다음 마지막으로 남은 여우의 절반과 여우 반 마리를 공주에게 주었더니 여우가 하나도 남지 않았다더군요. 이때 여우를 반으로 나누지 않고 위의 사람들에게 나누어 주려면 어떻게 해야 할까 하는 것이 문제였어요."

그러자 샤오이가 급히 끼어들어 물었다.

"그래서 어떻게 여우를 나누셨는데요?"

"그게……, 문제를 풀지 못했어요. 지수왕은 내가 문제를 풀지 못하는 것을 보더니 차갑게 웃으며 이렇게 빈정댔죠. 간단한 문제 하나도 풀지 못하는 왕자가 어떻게 왕위를 물려받을 수 있겠느냐고요. 진실의 나라는 앞으로 자신이 다스릴 테니난 이 들판에서 늑대 밥이 되기를 기다리라더군요. 그렇게 말하고는 곰보 중대장과 함께 말을 타고 가 버렸어요."

에이크 왕자가 말했다.

"지수왕, 정말 너무하는군! 이제 어떻게 할 생각이에요?"

샤오이가 에이크 왕자에게 물었다.

"음……, 일단은 지수왕이 낸 문제부터 풀어야죠!"

에이크 왕자의 대답은 약간 의외였다.

"좋아요. 제가 도와 드릴게요. 생각해 보세요. 모든 사람이 받게 될 여우의 수가 정수로 떨어지려면 여우 반 마리씩을 더 해야겠죠. 그럼 여우의 숫자는 홀수가 된다는 뜻이에요."

"맞아요. 그럼 다음에는 어떻게 계산해야 하죠?"

샤오이가 설명하기 시작했다.

"이런 문제는 거꾸로 계산해야 해요. '마지막으로 남은 여우의 절반과 반 마리를 공주에게 주었더니 잡아 온 여우는 하나도 남지 않았다.'고 했으니까 공주가 받은 여우는 한 마리예요. 여기서부터 거꾸로 계산해 가면 둘째 왕자의 몫은 두 마리, 첫째 왕자는 네 마리, 왕비는 여덟 마리를 받게 되죠. 모두 합하면, 1+2+4+8=15마리! 여우는 모두 열다섯 마리가 되겠네요."

"아하, 거꾸로 계산해서 풀어야 하는 거구나!"

에이크 왕자는 이제야 알겠다는 듯 기뻐하며 웃었다.

"이제 문제를 풀었으니 어떻게 하실 건가요?"

샤오이의 물음에 잠시 생각한 왕자가 대답했다.

"우리나라로 돌아가야겠어요. 샤오이, 당신을 진실의 나라에 초대하고 싶은데, 어때요?"

"하지만 전 제 친구 원규를 찾으러 가야 하는데요."

샤오이가 망설이자 에이크 왕자는 진실의 나라에 꼭 들렀다가라며 애원했다. 샤오이는 할 수 없이 고개를 끄덕였다.

그러나 두 사람 모두 어느 쪽으로 가야 진실의 나라에 갈 수 있는지 알 수 없었다. 그렇게 난감해하던 두 소년 앞에 웬 노인이 나타났다. 노인은 다 해진 밀짚모자를 쓰고 있었는데 어찌나 푹 눌러썼는지 눈썹까지 가려질 정도였다. 시커먼 색안경을 쓰고 수염을 기른 노인은 허름한 옷을 걸친 채 나무 지팡이를 쥐고 있었다.

에이크 왕자가 노인에게 다가가 물었다.

"할아버지, 진실의 나라로 가는 길을 아세요?"

노인은 에이크 왕자에게 눈길을 주지 않은 채 대답했다.

"동쪽으로 한참 걷다가 다시 북쪽으로 조금 걸으면 진실의 나라지."

에이크 왕자가 다시 물었다.

"동쪽과 북쪽으로 각각 얼마나 걸어야 하죠?"

그러자 노인이 차갑게 웃으며 대꾸했다.

"두 길의 길이를 합하면 16.72킬로미터야. 동쪽 길의 소수점을 왼쪽으로 한 자리만 옮기면 북쪽 길과 같아지지. 각 길의 길이가 얼마인지는 알아서 계산해 봐."

거기까지 말한 노인은 뒤도 돌아보지 않고 사라졌다.

"저 목소리, 어디서 들어 본 것 같은데."

샤오이가 머리를 갸웃거리며 말했다.

"어서 두 길의 길이가 몇인지 계산해 봐요."

에이크 왕자가 말했다.

"알았어요."

샤오이가 계산하기 시작했다.

"먼저 동쪽 길의 소수점을 왼쪽으로 한 자리 옮기면 북쪽 길과 같아진다고 했으니까 동쪽 길은 북쪽 길의 열 배가 되겠네요. 그럼 두 수를 합한 수는 북쪽 길의 열한 배가 되죠. 이렇게 하면 길이를 구할 수 있어요.

북쪽 길 : 16.72÷11=1.52(킬로미터).

동쪽 길 : 16.72−1.52=15.2(킬로미터)."

"좋아, 그럼 먼저 동쪽으로 15.2킬로미터 걸은 다음 북쪽으로 1.52킬로미터 걸으면 우리나라로 갈 수 있는 거죠?"

두 사람은 빠르게 걸어 목적지에 도착했다. 그런데 주위를 둘러보았지만 그곳은 진실의 나라가 아니었다.

두 사람이 영문을 몰라 어리둥절해할 때였다. 갑자기 어디선가 포성이 들리더니 가까운 곳에 대포 한 발이 떨어졌다. 깜짝 놀란 에이크 왕자와 샤오이는 재빨리 바닥에 엎드렸다.

고개를 들어 보니 아까 만난 노인이 보였다. 노인은 대포 옆에 서 있었고, 곰보 중대장이 대포알 하나를 다시 대포에 넣고 있었다.

노인이 밀짚모자와 수염, 해진 옷가지를 모두 벗어 던지자 본래 모습이 나타났다. 바로 지수왕이었다. 지수왕은 손을 들어 앞을 가리키며 소리쳤다.

"발사!"

그러자 '펑' 하는 소리와 함께 대포알이 다시 날아들었다.

"하하, 너희 둘은 이제 죽은 목숨이다!"

곰보 중대장은 두 손을 흔들며 외쳤다.

포탄이 쉼 없이 샤오이와 에이크 왕자의 근처로 날아와 터졌다.

에이크 왕자가 물었다.

"이제 어쩌죠? 여기서 죽기만 기다릴 수는
없는데."

그러자 샤오이가 대답했다.

"대포는 먼 거리에 있는 목표물만 맞힐 수 있어요. 가까이 있
는 물체에는 포를 쏠 수 없으니 어서 대포 쪽으로 뛰어요!"

두 사람은 동시에 대포를 향해 뛰기 시작했다.

지수왕은 샤오이와 에이크 왕자가 달려오는 것을 보고 소리쳤
다.

"대포로는 놈들을 맞힐 수 없다. 도망가자!"

지수왕과 곰보 중대장은 서둘러 달아나기 시작했
다.

"누굴 쫓아야 하지?"

에이크 왕자가 물었다.

“지수왕을 쫓아요!”

샤오이는 빠르게 지수왕의 뒤를 쫓아 달렸다.

지수왕은 이리저리 방향을 빠르게 바꿔가며 동물원으로 들어갔다. 샤오이와 에이크 왕자가 얼른 동물원으로 따라 들어갔지만 어느새 지수왕의 모습은 보이지 않았다.

샤오이와 에이크 왕자는 동물원 매표소로 가 작은 문을 사이에 두고 직원에게 물었다.

“지수왕이 들어오는 것을 보지 못했나요?”

“보았죠.”

매표소 직원은 잔뜩 쉰 목소리로 대답했다.

“어느 쪽으로 가서 숨던가요?”

샤오이가 물었다.

“그게……. 지수왕은 동물 우리 가운데 하나에 숨어 있어요. 우리 번호는 세 자리 숫자인데, 이 숫자 세 개를 모두 합하면 12가 되고, 백의 자리 숫자에 5를 더하면 7, 일의 자리 숫자에 2를 더하면 8이 되죠. 이제 알아서들 찾아봐요!”

그렇게 말을 마치고는 ‘탁’ 소리를 내며 문을 닫아 버렸다.

샤오이는 눈썹을 모으고 중얼댔다.

“저 사람 목소리가 왜 저렇지?”

에이크 왕자가 말했다.

“감기에 걸린 모양이죠. 어서 번호를 계산해 봐요. 지수왕을 빨리 잡아야 하니까."

"이건 쉬운 문제예요. 백의 자리에 5를 더하면 7이라고 했으니 백의 자리 숫자는 2일 것이고, 일의 자리 숫자에 2를 더하면 8이 나온다고 했으니까 일의 자리 숫자는 6이죠. 숫자 세 개를 모두 합하면 12이니까 십의 자리 숫자는 4가 되겠네요. 동물 우리 번호는 246이에요!"

에이크 왕자와 샤오이는 246번 우리를 찾기 시작했다. 241번 우리에는 긴꼬리원숭이가, 242번에는 늑대가, 243번 우리에는 여우가 있었다. 그렇게 동물 우리 여러 개를 지나 246번 우리에 도착한 두 사람은 우리 안을 들여다보았다. 계곡으로 이어진 무척 큰 우리였지만 안은 텅 비어 있었다.

"지수왕이 저 계곡 안에 숨어 있을 것 같은데."

그렇게 말한 에이크 왕자가 문을 밀어 보았다. 문이 잠겨 있지 않고 스르륵 열리자 에이크 왕자는 지수왕이 방금 안으로 들어갔다고 생각했다.

두 사람은 동물 우리 안으로 들어가 조용히 계곡으로 다가갔다. 그때였다. 계곡 안쪽에서 호랑이 울음소리가 들리더니 사나운 호랑이 한 마리가 뛰어나왔다.

"이런, 속았다!"

샤오이는 에이크 왕자를 끌어당겨 문쪽으로 달리기 시작했다. 그러나 문은 어느새 닫혀 있고 바깥쪽에서 잠겨 있었다.

“허허, 곰보 중대장에게 속아 호랑이 우리로 들어갔구먼. 그 호랑이는 며칠 동안 아무것도 먹지 못했어. 네 놈들을 잡아먹으면 오늘은 녀석도 배가 부르겠구나.”

우리 바깥에서 지수왕이 비열한 웃음을 흘리며 안쪽을 바라보았다.

이제야 모든 것이 확실해졌다. 매표소의 직원은 곰보 중대장이 변장한 것이었고, 호랑이 우리의 문은 지수왕이 바깥에서 잠가 버린 것이었다. 그러나 너무 늦게 알아차린 것이 문제였다. 호랑이가 두 사람 쪽으로 어슬렁어슬렁 다가오고 있었다.

“어서 위로 올라가요!”

샤오이가 소리쳤다.

두 사람은 원숭이처럼 우리의 쇠창살에 매달렸다. 그 모습을 본 지수왕

은 재미있다는 듯 손뼉을 치며 웃었다.

"하하하, 이것 참 재미있구나. 샤오이와 에이크 왕자가 원숭이가 되었어."

그 말을 들은 에이크 왕자는 분노가 치밀어 이를 부드득 갈기 시작했다. 어려서부터 무술을 익힌 에이크 왕자는 팔 힘이 굉장히 셌다. 두 손으로 쇠창살을 잡고 힘을 주어 벌리자 쇠창살이 구부러져 틈이 생겼다. 에이크 왕자와 샤오이는 그 벌어진 창살 틈으로 빠져나올 수 있었다.

지수왕은 두 사람이 호랑이 우리에서 나오는 것을 보고 깜짝 놀라 몸을 돌려 도망치기 시작했다. 우리 아래로 내려온 두 사람도 지수왕의 뒤를 맹렬히 쫓기 시작했다. 그런데 또 어디로 사라졌는지 지수왕의 모습이 보이지 않았다. 어디로 사라진 걸까? 옆에 있는 작은 정원은 마땅히 숨을 곳이 없었다. 저만큼 앞에 보이는 '동물 표본실'이 그나마 몸을 숨길 수 있는 유일한 장소인 것 같았다. 두 사람은 표본실로 들어갔다.

표본실에는 수많은 동물 표본이 전시되어 있었다. 코끼리, 코뿔소, 기린, 얼룩말 같은 큰 동물부터 여우, 독수리, 들창코 원숭이 등의 작은 동물까지 종류도 다양했다.

샤오이와 에이크 왕자는 표본실을 한 바퀴 돌았지만 딱히 의심스러운 것은 발견하지 못했다.

"지수왕이 동물 표본으로 변장한 것이 아닐까요?"

샤오이가 물었다.

"한번 물어봅시다."

에이크 왕자는 '관리원 사무실' 이라고 적힌 문을 열고 들어갔다. 사무실에는 50대로 보이는 남자 직원이 있었다.

"이 표본실에 동물 표본이 총 몇 개 있죠?"

에이크 왕자가 직원에게 물었다.

"정확한 숫자를 요구하시면 바로 말씀드릴 수는 없습니다. 저도 잘 모르거든요. 제가 아는 건 만약 초식 동물 표본 15개를 육식 동물로 바꾸면 육식 동물과 초식 동물 숫자가 같아지고, 육식 동물 표본 10개를 초식 동물로 바꾸면 초식 동물이 육식 동물의 세 배가 된다는 것뿐입니다. 구체적으로 몇 개인지는 알아서 계산해 보세요. 제가 아는 건 여기까지가 전부입니다."

직원이 말했다.

"초식 동물이 육식 동물보다 30마리 많다는 건 확실해요. 그래야 15마리를 바꾸었을 때 둘의 숫자가 똑같아지니까요."

샤오이가 재빨리 말했다.

"맞아요! 육식 동물 10마리를 초식 동물로 바꾸면 초식 동물이 육식 동물보다 50마리 더 많아지고, 이 50마리가 남은 육식 동물 숫자의 두 배가 된단 말이죠.”

에이크 왕자는 잠시 고민하다가 말했다.

“그럼 남은 육식 동물은 25마리겠네요. 계산했어요!”

샤오이가 말을 받았다.

육식 동물은 25+10=35(마리).

초식 동물은 35+30=65(마리).

“이제 어서 세어 봐요!”

에이크 왕자가 말했다.

“먼저 육식 동물이 몇 마리인지 세어 볼게요. 하나, 둘, 셋…… 정확히 서른다섯 마리예요.”

이번에는 샤오이가 말했다.

“이제 초식 동물 수를 세어 볼게요. 하나, 둘, 셋…… 예순여섯. 엇? 왜 한 마리가 더 많지?”

그때 에이크 왕자가 얼룩말 표본 두 개를 가리켰다.

“저길 봐요. 똑같은 얼룩말이 두 마리예요. 둘 중 하나는 가짜일 거예요. 내가 검으로 한 번 찔러 볼게요.”

에이크 왕자는 벽에 걸려 있던 긴 검을 떼어 얼룩말의 엉덩이를 쿡 찔렀다. 얼룩말은 미동도 하지 않았지만 옆에 있던 다른 한 마리가 갑자기 도망치기 시작했다. 그런데 얼룩말은 네 다리로 달리지 않고 뒷다리 두 개만 땅에 붙인 채 꼭 사람처럼 뛰었다.

샤오이가 소리쳤다.

"얼룩말이 도망간다!"

옆에 서 있던 관리원이 입을 쩍 벌린 채 말했다.

"세상에, 표본이 살아 움직이다니!"

그 '얼룩말'은 표본실 밖으로 뛰쳐나왔다. 얼룩말 가죽을 벗어 한쪽에 던져 버린 지수왕이 땀을 스윽 닦으며 말했다.

"큰일 날 뻔했군. 하마터면 검에 찔릴 뻔했어."

곧 에이크 왕자와 샤오이가 표본실 밖으로 따라 나왔지만 얼룩말 가죽 한 장만 보일 뿐 지수왕은 흔적도 없이 사라진 뒤였다.

그렇게 두 사람이 지수왕을 찾아 주위를 둘러보고 있을 때였다. 휙, 휙 하는 소리와 함께 화살 몇 개가 날아들었다.

"화살이다. 어서 엎드려요!"

에이크 왕자는 황급히 샤오이를 끌어 바닥에 납작 엎드렸다.

누가 화살을 쏜 것일까? 에이크 왕자와 샤오이가 당황해하고 있을 때였다. 어디선가 빠르게 달려오는 말발굽 소리가 점점 가까워지더니 곧 원주민들이 모습을 드러냈다. 상반신을 드러낸 원주민들은 화려한 빛깔의 깃털을 머리에 꽂고 등에 활을 멘 채 도깨비 얼굴을 새긴 큰 검을 들고 있었다.

무리 중 맨 앞에 선 남자가 큰 소리로 말했다.

"분명히 얼룩말 한 마리가 이쪽으로 달려오는 것을 보았는데, 눈 깜짝할 새에 말 가죽만 남았으니 이게 어찌 된 일이냐?"

에이크 왕자는 방금 지수왕을 쫓고 있었던 이야기와 지수왕이 얼룩말 표본으로 변장한 이야기를 해 주었다.

원주민 족장은 지수왕을 쫓고 있다는 이야기에 몸을 부들부들 떨며 말했다.

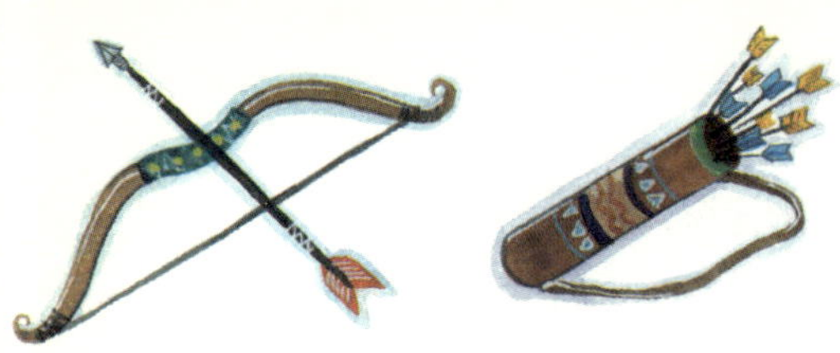

"나도 지수왕 그놈에게 갚아야 할 빚이 있네. 우리 부족의 땅을 빼앗겼거든. 우리도 자네들과 함께 가도록 해 주겠나?"

그러고는 에이크 왕자와 샤오이에게 말 한 마리씩을 주었다.

그때였다. 갑자기 어디선가 '탕' 하고 총소리가 들렸다. 말을 탄 곰보 중대장이 수많은 병사와 함께 포위해 오고 있었다.

"하하, 너희 모두 지수왕의 계략에 걸려들었다. 내가 병사들을 이끌고 여기에 숨어 있었거든. 어디 한번 빠져나가 봐라!"

곰보 중대장이 손을 휘두르자 병사들이 이어진 삼각형 두 개의 모양으로 대열을 정비했다. 곰보 중대장을 정 가운데 두고 늘어선 모습이 굉장히 질서정연했다.

원주민 족장은 잔뜩 흥분해서 검을 휘두르며 소리쳤다.

"형제들이여, 저놈들에게 본때를 보여 주자! 돌격!"

그러자 샤오이가 황급히 족장을 막아섰다.

"족장님, 무턱대고 공격할 게 아니에요. 옛말에 '지피지기면 백전백승'이라고 했어요. 우선 저쪽에 병사가 몇이나 있는지 알아보는 게 좋을 것 같아요."

원규의 말에 일리가 있다고 생각한 족장은 고개를 끄덕였다.

에이크 왕자는 곰보 중대장의 부대가 늘어선 모양을 자세히 관찰한 다음 입을 열었다.

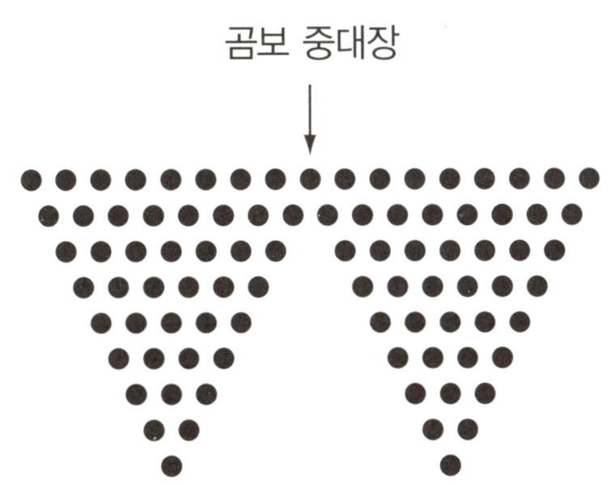

"곰보 중대장은 삼각형 두 개 모양으로 진을 쳤어요. 각 변에 병사가 아홉 명씩 있고요. 샤오이, 병사가 총 몇 명 있는지 계산할 수 있겠어요?"

샤오이는 손으로 머리를 톡톡 치며 어떻게 하면 더 빨리 계산할 수 있을까 고민했다. 그러다 갑자기 무릎을 탁 쳤다.

"알았다! 곰보 중대장을 중심으로 삼각형 한 개를 180도 회전시키면 두 삼각형이 합쳐져 평행사변형이 돼요."

그러자 에이크 왕자가 말했다.

"평행사변형은 총 아홉 열로 이루어져 있고 각 열에 병사가 아홉 명씩 있으니, 9×9=81명의 병사가 있겠군요."

샤오이는 고개를 저으며 말했다.

"아니에요. 삼각형 하나가 회전했으니 삼각형 변 하나가 중복돼요. 왕자님은 한 변의 병사를 빠뜨리셨어요."

"그럼 총 몇 명의 병사가 있다는 거죠?"

샤오이가 대답했다.

"9×9+9-2=88명이에요."

"2는 왜 뺀 거예요?"

"곰보 중대장은 병사가 아니니 그가 차지한 두 자리는 빼야죠."

에이크 왕자와 샤오이의 대화를 듣고 있던 원주민 족장이 웃으며 말했다.

"그렇다면 곰보 중대장이 병사 88명을 데리고 있다는 말이로군. 우리 쪽 병사가 80명이니 곧장 치고 들어가도 되겠어!"

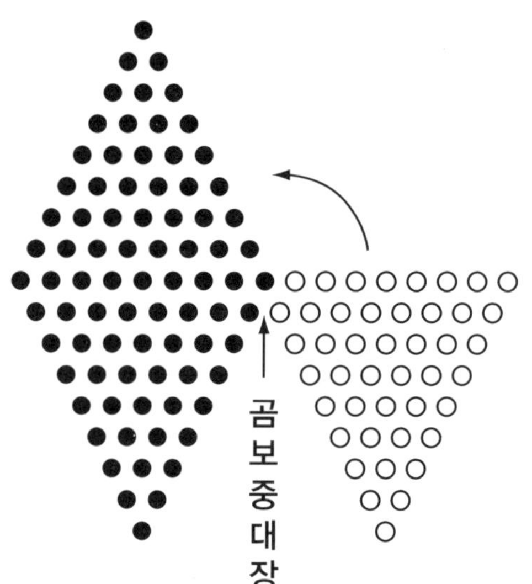

원주민 족장의 말에 에이크 왕자가 진지한 얼굴로 대꾸했다.

"곰보 중대장의 부대로 곧장 돌격해 가면 안 돼요. 족장님이 적군의 중앙을 공격하면 두 삼각형의 중간으로 가게 될 텐데 그럼 좌우 양측에서 공격을 받게 되잖아요. 결국 우왕좌왕하다가 우리 쪽 대열이 무너질 겁니다."

"그럼 어떻게 했으면 좋겠소?"

족장의 물음에 에이크 왕자가 대답했다.

"병사를 둘로 나누어 삼각진의 양쪽 날개를 공격하세요."

그러자 샤오이가 주먹을 휘두르며 말했다.

"맞아요. 양쪽에서 협공하는 거예요! 적과 똑같은 작전을 쓰는 거죠!"

족장은 40명씩 나누어 대열을 가다듬도록 명령했다. 둘로 나뉜 원주민 부대는 총알처럼 달려가 곰보 중대장 부대의 양 날개를 공격했다.

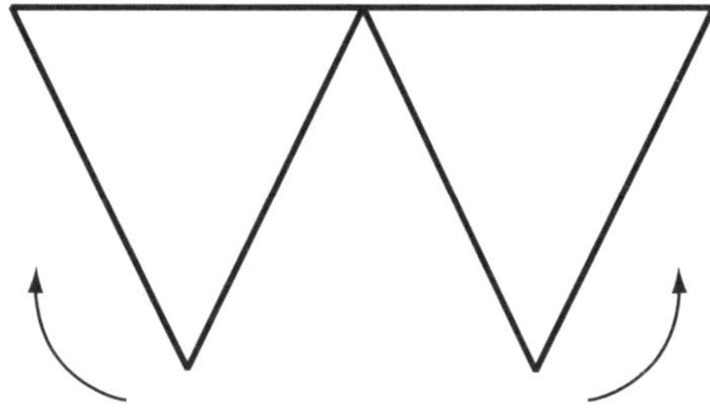

말을 탄 원주민 기병대는 병사 한 명 한 명이 모두 용감하고

잘 훈련되어 있어 금세 곰보 중대장의 대열을 흐트러뜨렸다.

상황이 불리하다는 것을 눈치챈 곰보 중대장이 외쳤다.

"안 되겠다. 적들에게 우리의 작전이 먹히질 않았어! 모든 병사는 각자의 자리를 지켜라! 대열이 흐트러져선 안 돼!"

그러나 질서정연하던 지수왕의 부대는 순식간에 무너졌다. 말들이 서로 엉키고 여기저기서 비명이 끊이질 않아 그야말로 아수라장이었다. 원주민 족장은 맨 앞에서 곰보 중대장을 노리고 빠르게 말을 달렸다. 에이크 왕자와 샤오이 역시 말을 타고 그 뒤를 바짝 쫓았다. 자신을 노리고 달려오는 적을 보자 놀란 곰보 중대장이 즉시 말머리를 돌려 쏜살같이 달아났다.

도망가는 곰보 중대장을 보며 에이크 왕자가 말했다.

"어떻게 해야 곰보 중대장과 병사들을 한꺼번에 무찌를 수 있을까요?"

샤오이가 에이크 왕자와 족장에게 작은 소리로 속삭였다.

"곰보 중대장의 부대를 모조리 붙잡으려면 이렇게……."

에이크 왕자와 원주민 족장은 고개를 끄덕였다.

샤오이는 말에 오른 다음 큰 소리로 외쳤다.

"모두 후퇴!"

그리고는 말머리를 돌려 빠르게 후퇴하기 시작했다.

곰보 중대장은 원주민 부대가 후퇴하는 것을 보고 눈을 반짝이더니 큰 목소리로 명령을 내렸다.

“원주민 놈들이 도망간다! 어서 뒤쫓아라!”

병사들은 곰보 중대장의 지휘에 따라 샤오이가 간 방향으로 추격해 가기 시작했다.

샤오이와 에이크 왕자, 원주민 족장은 허술하게 만들어진 외나무다리 위를 건넜다. 곰보 중대장은 병사에게 일렬로 다리를 건너도록 지시했다. 그렇게 일부 병사들이 다리를 건넜을 때였다. 물속에서 갑자기 원주민들이 튀어나와 외나무다리를 부러뜨렸다. 다리를 건너던 지수왕의 병사들은 물에 빠지고 말았다. 후퇴하는 것 같았던 원주민 족장도 갑자기 방향을 틀어 강 건너편에 있던 곰보 중대장의 병사들을 모조리 잡았다.

곰보 중대장은 강을 사이에 두고 발만 동동 구르며 1소대장에게 말했다.

“현재 남은 병사가 몇이나 되는지 알아봐라.”

1소대장은 재빨리 병사 수를 헤아려 본 다음 보고했다.

“우리 중대의 병사 중 $\frac{1}{4}$ 은 투항했고, $\frac{1}{11}$ 은 강에 빠졌습니다. 남은 병력 중 절반은 탈영했고요.”

그러자 곰보 중대장은 시뻘게진 얼굴로 화를 내며 큰 소리로 다그쳤다.

“넌 내가 수학에 약하다는 걸 뻔히 알면서 왜 그런 문제를 내는 거냐? 빨리 정확히 몇 명이 남았는지 계산해!”

“예. 예.”

1소대장은 황급히 바닥에 웅크리고 앉아 식을 세웠다.

남은 병사의 수$=88\times(1-\dfrac{1}{4}-\dfrac{1}{11})\div2$

$=88\times\dfrac{29}{44}\div2$

$=29$(명)

계산을 끝낸 1소대장이 보고했다.

"모두 29명의 병사가 남아 있습니다!"

"고작 29명의 병사로는 승산이 없어. 어서 도망가자!"

곰보 중대장은 이마에 흐르는 땀을 닦으며 소리쳤다.

그러나 이미 때는 늦었다. 원주민 병사들이 사방에서 포위를 좁혀 오고 있었다. 그들은 검을 휘두르며 소리쳤다.

"항복하라! 항복하는 자는 해치지 않는다."

주위에는 온통 원주민 병사들뿐이었다. 완전히 포위되었다는 것을 깨달은 곰보 중대장은 병사 29명에게 명령을 내렸다.

"일곱 명씩 셋으로 나누어 각각 왼쪽, 오른쪽, 뒤쪽의 포위를 뚫는다! 남은 여덟 명은 나와 함께 앞으로 돌진한다. 겁을 먹고 물러서는 자는 내가 가만두지 않을 것이다!"

병사들이 포위를 뚫으러 사방으로 달려가자 곰보 중대장은 조용히 말에서 내려 군복을 벗고 숲 속으로 숨어 들어갔다.

전투는 쉽게 끝났다. 지수왕의 병사 88명은 한 명도 빠짐없이 모두 잡혔다. 그런데 곰보 중대장의 모습만 보이지 않았다.

곰보 중대장은 어디로 갔을까?

"**이번 전투에서** 큰 승리를 거두었습니다. 저는 이제 우리나라로 돌아가야겠어요. 샤오이, 꼭 나와 함께 가야 해요!"

에이크 왕자의 말에 샤오이는 웃으며 고개를 끄덕였다.

원주민 족장은 에이크 왕자와 샤오이를 진실의 나라까지 데려다 주고 싶어 했지만, 두 사람은 감사의 뜻을 표한 다음 정중히 거절했다. 그러고는 원주민 족장에게 손을 흔들며 작별 인사를 하고, 진실의 나라로 향했다.

드디어 진실의 나라에 도착하자 왕국 사람들이 길가에 나와 에이크 왕자와 샤오이를 열렬히 환영했다. 막 두 사람이 큰 절 앞을 지나갈 때였다. 나이가 많은 주지승이 승려들과 함께 절 입구에 나와 에이크 왕자를 맞이했다.

에이크 왕자는 주지승을 보고는 황급히 말에서 내려 손을 잡으며 물었다.

"스님께서는 올해 연세가 어떻게 되십니까?"

주지승이 대답했다.

"소승의 7년 후 나이의 일곱 배에서 7년 전 나이의 일곱 배를 빼면 지금의 나이가 됩니다."

그러자 옆에 서 있던 샤오이가 미소를 지었다.

"노스님께서 왕자님을 시험하시려는가 봐요."

에이크 왕자가 말했다.

"샤오이와 함께 다닌 덕분에 저도 수학 실력이 꽤 늘었어요. 이번 문제는 제가 풀어 볼게요."

샤오이는 엄지손가락을 내밀며 말했다.

"굉장한데요, 왕자님!"

잠시 생각하던 에이크 왕자가 말했다.

"7년의 일곱 배는 49이니까…… 와, 스님께서는 올해 아흔여덟이 되셨네요!"

주지승은 두 손을 모아 합장했다.

"나무아미타불! 에이크 왕자님은 역시 총명하십니다. 소승 벌써 아흔여덟 해나 살았지요. 헌데 왕자님께서는 어찌 그리 짧은 시간에 계산해 낼 수 있으셨습니까?"

"방정식을 사용했어요. 스님의 나이를 x라고 가정해서 방정식을 세울 수 있지요.

$$7(x+7)-7(x-7)=x"$$

그러자 주지승이 다시 물었다.

"그 방정식의 의미를 설명해 주시겠습니까?"

에이크 왕자가 설명하기 시작했다.

"스님의 나이를 x라고 했으니 7년 후의 나이는 $(x+7)$이 되지요. 7년 후의 나이의 일곱 배는 $7(x+7)$이 됩니다. 마찬가지로 7년 전의 나이의 일곱 배는 $7(x-7)$이고, 이 두 수의 차가 스님의 올해 나이 x이지요. 그러니 식으로 정리하면,

$$7(x+7)-7(x-7)=x"$$

주지승은 미소를 지으며 고개를 끄덕였다.

"방정식을 정확히 이해하고 계시는군요."

"제가 스님의 나이를 알아맞히기는 했으나 여기 있는 샤오이에 비하면 아직도 멀었습니다!"

그러자 샤오이가 황급히 손을 내저으며 말했다.

"아니에요. 왕자님은 정말 겸손하세요."

에이크 왕자가 주지승에게 물었다.

"방금 낯선 사람 하나가 이쪽으로 지나가지 않았습니까?"

"예, 보았습니다. 얼굴은 동그랗고 딸기코에 애꾸눈이었습니다. 키는 크지 않고 좀 뚱뚱했는데, 특히 얼굴의 곰보 자국이 눈에 띄었지요."

"애꾸눈이라고요?"

에이크 왕자가 이상하다는 듯이 말했다.

"스님께서 말씀하시는 인상착의로 보아 곰보 중대장이 맞는 것 같은데, 곰보 중대장은 애꾸눈이 아니잖아요."

"변장했을 수도 있죠."

샤오이가 말했다.

두 사람은 주지승이 알려준 방향으로 말을 달려 강가에 도착했다. 밀짚모자를 쓴 노인 하나가 짚으로 엮은 도롱이를 걸친 채 강가에서 낚싯대를 드리우고 있었다.

샤오이가 말에서 내려 낚시꾼 노인에게 물었다.

"혹시 애꾸눈인 사람이 이쪽으로 지나가는 것을 보셨나요?"

그러자 노인은 눈길조차 주지 않은 채 귀찮다는 듯 대답했다.

"북쪽으로 갔다."

두 사람은 감사하다는 인사를 한 뒤 말을 타고 북쪽으로 쫓았다. 그러나 한참을 가도 곰보 중대장은 보이지 않았다.

샤오이가 에이크 왕자에게 말했다.

"잠깐만요, 왕자님. 방금 그 낚시꾼 할아버지의 목소리가 곰보 중대장과 비슷했던 것 같아요. 혹시 우리가 속은 게 아닐까요? 돌아가서 확인해 봐요."

에이크 왕자는 고개를 끄덕인 다음 샤오이와 함께 말머리를 돌렸다. 다시 강가에 가 보니 밀짚모자와 도롱이, 낚싯대가 전부 나무 위에 걸려 있고 노인은 보이지 않았다.

샤오이가 입술을 깨물며 말했다.

"멀리 가지는 못했을 거예요. 뒤쫓아요!"

두 사람은 강가를 따라 살피기 시작했다.

한참을 둘러보니 초가집 한 채가 보였고, 한 노인이 대나무로 만든 벽에 기대어 광주리를 엮고 있었다.

말에서 내린 에이크 왕자가 노인에게 물었다.

"할아버지, 얼굴에 곰보 자국이 있는 남자가 지나가는 것을 보셨어요?"

잠시 말이 없던 노인이 천천히 입을 열었다.

"보았지요. 여기서 앞으로 쭉 걸어가더니 갑자기 다시 돌아왔소. 절반을 걸어와서는 신발을 고쳐 신고, $\frac{1}{3}$ 을 걸은 다음 칼을 뽑아들고 다시 $\frac{1}{6}$ 을 걷더니 사라졌어요."

노인은 다시 고개를 숙이고 광주리를 엮기 시작했다.

에이크 왕자는 노인의 말이 무슨 뜻인지 이해가 되지 않았다. 에이크 왕자가 고개를 돌려 원규에게 말했다.

"대답 대신 수학 문제를 내는데요?"

그러자 눈을 한 바퀴 굴린 샤오이가 작은 소리로 말했다.

"생각 좀 해 봐야겠어요."

그러더니 에이크 왕자의 귓가에 대고 무언가를 속삭였다.

"감사합니다, 할아버지. 저희는 그 곰보를 쫓으러 가 봐야겠어요."

샤오이는 노인에게 큰 소리로 말했다.

그와 동시에 에이크 왕자는 조용히 검을 뽑아들고 초가집의 문으로 다가갔다. 그러고는 문을 발로 걷어차 열고 잽싸게 안으로 들어갔다. 곰보 중대장이 집 안에서 대나무 벽 앞에 꿇어앉은 채 단검을 들고 있었다.

곰보 중대장을 발견한 에이크 왕자는 검을 휘둘렀다. 곰보 중대장이 얼른 단검으로 맞서려고 했지만 이미 너무 늦었다. 곰보 중대장이 한쪽 구석으로 몸을 숨겼을 때 샤오이도 몽둥이를 들고 초가집 안으로 들어왔다. 곰보 중대장은 한 손으로 대나무 의자를 든 채 에이크 왕자와 샤오이의 협공에 맞섰다. 그렇게 두 사람을 막아내며 문 쪽으로 물러서던 곰보 중대장이 막 몸을 돌려 집 밖으로 도망가려고 하는 찰나, 갑자기 큰 광주리가 달려들더니 곰보 중대장의 몸을 덮쳤다. 광주리 엮는 노인이 아까부터 입구에 서서 곰보 중대장이 나오기를 기다리고 있었던 것이다.

에이크 왕자가 검으로 광주리에 갇힌 곰보 중대장을 위협하자 그가 소리쳤다.

"항복! 항복이다!"

곰보 중대장을 사로잡은 세 사람은 이제 한숨을 돌렸다.

조금 전의 문제가 생각난 에이크 왕자가 샤오이에게 물었다.

"곰보 중대장이 집 안에 숨어 있다는 것을 어떻게 알았어
요?"

샤오이가 웃으며 말했다.

"여기 계신 할아버지가 기막힌 암호를 주신 거예요. 곰보 중
대장이 앞으로 길을 걸어갔다고 했으니 이 길을 1로 볼 수 있어
요. 그런 다음 다시 되돌아와 절반을 걸은 다음 신발을 고쳐 신
고, $\frac{1}{3}$ 의 길을 걸은 다음 칼을 뽑아들고, 다시 $\frac{1}{6}$ 을 걸어와 사
라졌다고 했죠? $\frac{1}{2}+\frac{1}{3}+\frac{1}{6}=1$이니까 곰보 중대장이 다시 이곳
으로 돌아왔다는 뜻이죠."

"그렇구나. 곰보 중대장이 다시 되돌아왔다면 초가집 안에
숨어 있을 수밖에 없으니, 정말 기막힌 암호네요."

에이크 왕자는 수학의 신비에 감탄하며 고개를 끄덕였다.

한편, 원규는 샤오이가 복면을 쓴 남자들에게 잡혀간 후 줄곧 마음이 놓이지 않았다. 그렇게 샤오이의 소식을 수소문하며 길을 걷던 원규는 산 아래에 있는 마을에서 도적처럼 보이는 남자 셋이 작은 소리로 이야기를 나누는 것을 보았다. 그중 멀대처럼 키가 크고 마른 남자가 말했다.

"지수왕의 말대로 동굴로 가 보물을 찾는 건 너무 위험해!"

멀대의 말에 뚱뚱한 몸매에 키가 작고 왼쪽 눈에 안대를 한 애꾸눈이 대꾸했다.

"위험하다고? 위험해도 가야지! 지수왕 그 여우 같은 늙은

이를 당할 수 있을 것 같아?"

그러자 모자를 쓰고 턱수염을 기른 도적이 물었다.

"애꾸눈 형님, 보물을 찾으면 지수왕과 어떻게 나누지?"

"보물을 나눈다고? 살아 돌아가기만 해도 감사해야 할 거다! 만약 진짜로 보물을 찾게 되면 우리끼리 나눠 갖자. 지수왕 그 늙은이한텐 한 푼도 주지 말고 말이야!"

멀대가 말했다.

"그 신비한 동굴이라는 곳 말이야. 사람이 들어가지 못하도록 무슨 장치가 설치되어 있다던데. 정신 똑바로 차리지 않으면 언제 저세상으로 갈지 몰라!"

턱수염은 겁이 나는지 어깨를 움츠리며 말했다.

"그 동굴에 무슨 보물이 있는지도 잘 모르는데 꼭 가야 할까?"

애꾸눈이 목소리를 낮추어 말했다.

"지수왕 말로는 그 보물이 한국과 중국에서 온 소년들과 깊은 관계가 있대."

여기까지 들은 원규의 심장이 쿵쿵 뛰기 시작했다. 그 보물이 무엇인지는 모르지만 자신과 샤오이와 관계가 있다니 알아보지 않을 수 없었다.

"이봐들, 돈을 벌고 싶거든 빨리 따라오라고!"

애꾸눈이 손을 휘둘렀다.

그렇게 세 도적은 마을을 빠져나갔고 원규는 멀찌감치 떨어져 그들의 뒤를 따라가기 시작했다.

애꾸눈과 두 도적은 높은 산으로 들어가서는 구불구불한 산길을 걸어 올라갔다. 그렇게 한참을 가자 동굴 입구가 나타났는데, 커다란 바위가 동굴 앞을 문처럼 막고 있었다.

"바위 문이 닫혀 있는데 어떻게 들어가지?"

턱수염이 물었다.

그러자 바위 문 위에 정육각형 모양의 구멍이 있는 것을 발견한 애꾸눈이 권총을 뽑아들었다.

"내가 총으로 이 구멍을 뚫어 볼게."

애꾸눈이 구멍에 총구를 집어넣고 안쪽으로 힘껏 누르자 갑자기 정육면체 모양의 나무토막이 툭 떨어졌다. 나무토막은 정확히 멀대의 머리를 맞혔다.

"아이쿠. 엄마야!"

난데없이 머리를 얻어맞은 멀대가 소스라치게 놀라며 바닥에 주저앉았다.

"이게 어디서 떨어진 거야?"

나무토막을 주워 살펴보던 애꾸눈이 그 위에 쓰여 있는 글자를 발견했다.

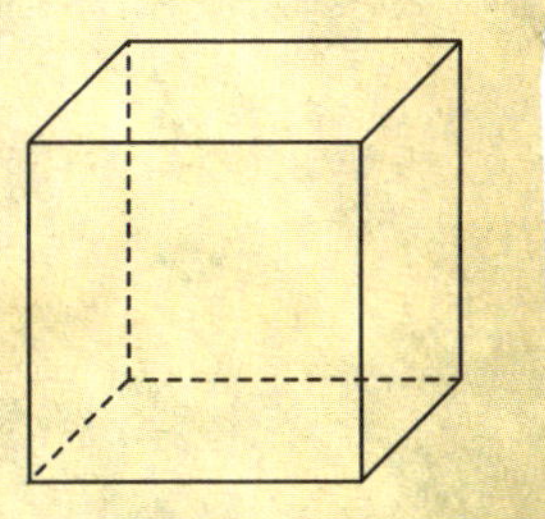

멀대가 머리를 문지르며 말했다.

"정육면체를 둘로 잘라서 정육각형의 단면을 만들란 말이야? 그게 가능할까?"

애꾸눈이 눈을 부라리며 말했다.

"안 되는 게 어디 있어? 방법은 만들면 되는 거지!"

그러자 움찔 놀란 멀대가 슬슬 뒷걸음질을 쳤다.

애꾸눈은 정육면체의 여섯 모서리를 살펴 각 모서리의 정 가운데 지점인 M, N, O, P, Q, R을 찾아냈다. 그러고는 칼을 뽑아 여섯 개의 점에 맞춰서 자르자 나무토막이 둘로 나뉘었다. 잘린 면을 살펴보니 정확히 정육각형 모양이었다.

턱수염이 엄지손가락을 치켜세웠다.

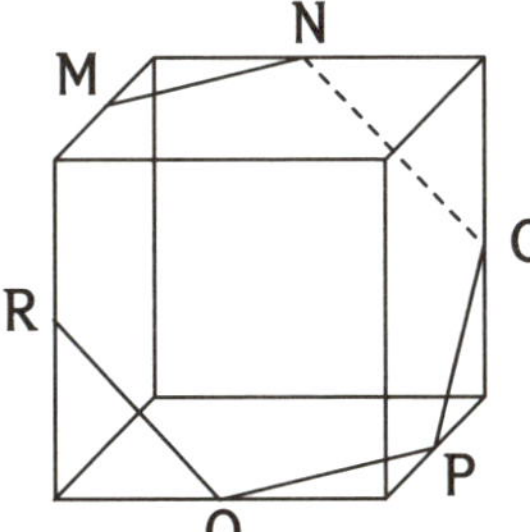

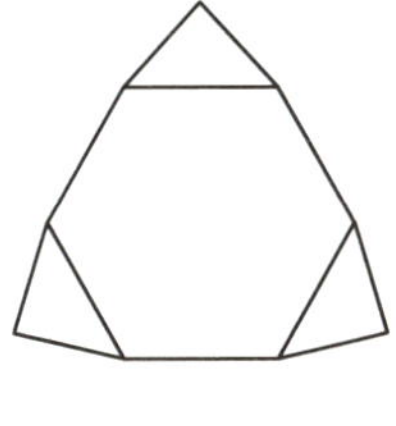

"이제 보니 애꾸눈 형님 수학 실력이 굉장한데? 대단해!"

애꾸눈은 잘린 나무토막을 턱수염에게 건넸다.

"가져가서 열어 봐."

턱수염이 나무토막을 구멍에 집어넣고 힘주어 누르자 '드르르' 하는 소리와 함께 문이 열렸다.

"열렸다! 어서 들어가자!"

세 도적은 앞을 다투어 동굴 안으로 들어갔다. 원규는 밖에서 잠시 기다렸다가 조용히 뒤따라 들어갔다.

얼마쯤 걷자 눈앞에 철문 하나가 나타났다.

"어째서 또 문이 있는 거야!"

화가 난 애꾸눈이 철문을 발로 힘껏 걷어차자 '탁' 하는 소리와 함께 위에서 원기둥 모양의 나무토막이 떨어졌다. 이번에 떨어진 나무토막은 턱수염의 머리를 맞혔다.

"어이쿠. 이번엔 내 머리 위로 떨어졌어!"

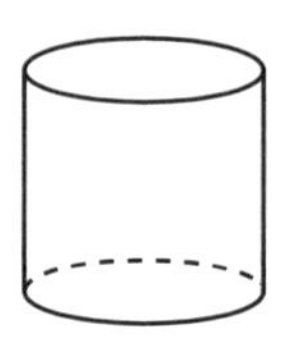

애꾸눈은 원기둥 모양의 나무토막을 집어 들어 찬찬히 살펴보며 말했다.

"너흰 문 쪽으로 가서 동그란 모양의 열쇠 구멍이 있는지 찾아봐."

턱수염이 조심조심 철문 앞으로 다가가 자세히 살펴보았다.

"이것 참 특이한데? 열쇠 구멍이 세 개야. 동그란 모양이랑 사각형, 삼각형 이렇게 세 개."

"흠, 어디 보자."

애꾸눈은 주머니에서 작은 자를 꺼내어 열쇠 구멍 세 개의 길이를 재 보았다.

멀대가 물었다.

"형님, 뭐 좀 알아냈수?"

애꾸눈이 대답했다.

"여기 이 원의 지름과 정사각형의 변의 길이가 같아. 삼각형의 높이와도 같고."

턱수염이 물었다.

"설마 이 원기둥 하나로 세 열쇠 구멍을 모두 열어야 한다는 건 아니겠지?"

자로 원기둥 모양 나무토막을 이리저리 재 본 애꾸눈이 말했다.

"이 원기둥의 원 지름과 높이가 같아. 동그란 열쇠 구멍의 지름과도 같은 길이야."

턱수염이 물었다.

"형님, 그래서 어떻다는 거요?"

"그래서?"

애꾸눈이 눈을 부릅뜨며 말했다.

"이 원기둥 모양 나무토막을 잘라 동그란 열쇠 구멍, 사각형 열쇠 구멍, 삼각형 열쇠 구멍에 다 맞게 만들라는 거야."

그러자 멀대와 턱수염이 고개를 절레절레 흔들었다.

"그걸 어떻게 만들어? 하느님이 아닌 다음에야!"

하지만 애꾸눈은 그들을 무시한 채 중얼거렸다.

"보물을 찾으려면 어떻게든 머리를 짜내야지."

세 사람은 그렇게 한 마디도 하지 않은 채 머리를 싸매고 고민하기 시작했다.

저쪽 뒤에 숨은 원규는 어둠 속에서 그들의 대화를 엿듣고 있었다. 애꾸눈과 두 도적이 바닥에 앉아 골똘히 생각에 잠겨 있을 때 원규 역시 이리저리 방법을 생각했다. 작은 돌멩이를 주워 동굴 벽에 그림을 그리던 원규가 실수로 돌멩이를 떨어뜨리고 말았다. '탁' 하는 소리가 났다.

그 소리에 놀란 애꾸눈이 소리쳤다.

"누구냐! 어서 나와라!"

멀대는 다 알고 있다는 듯 허세를 부렸다.

"어디에 숨어 있는지 다 봤으니 어서 나와!"

원규는 황급히 바위 사이로 몸을 숨겼다. 동굴 안이 무척 어두워서 아무리 둘러보아도 개미 한 마리 보이지 않았다.

턱수염은 길게 한숨을 쉬며 말했다.

"누가 있다는 거야?"

그러자 멀대가 웃으며 대꾸했다.

"아마도 우리가 낸 소리에 우리가 놀란 모양이군. 누가 감히 우리 뒤를 밟겠어? 목숨이 열 개가 아닌 다음에야!"

"아무도 없으면 됐다. 매사에 조심해야 하는 법이니까."

그렇게 말한 애꾸눈이 원기둥의 원 지름에 칼집을 넣어 비스

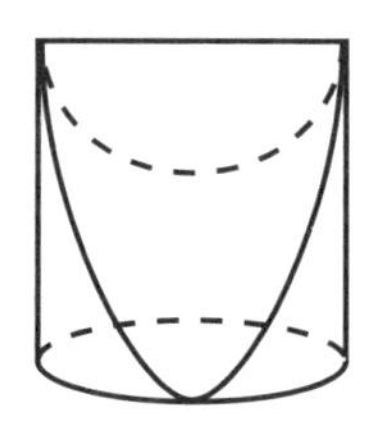

듬히 잘라냈다. 그렇게 양쪽으로 두 번 잘라 내자 양옆이 매끈하게 잘린 원기둥 모양이 되었다.

애꾸눈은 나무토막의 바닥이 보이도록 받쳐 들고 물었다.

"위에서 아래로 보면 무슨 모양이냐?"

그러자 두 사람이 동시에 답했다.

"원 모양인데?"

애꾸눈은 다시 물었다.

"앞에서 보면 무슨 모양이지?"

"정사각형."

"옆에서 보면?"

"삼각형이야."

"됐다!"

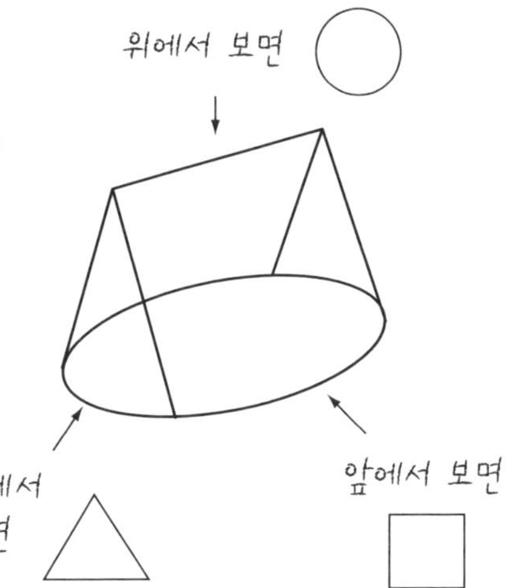

애꾸눈이 껄껄 웃으며 말했다.

"이런 게 바로 일석삼조라는 거다. 내가 직접 문을 열지!"

애꾸눈이 먼저 나무토막의 바닥을 동그란 열쇠 구멍에 밀어 넣자 '달칵' 하는 소리가 났다. 그러고는 다시 나무토막의 정사각형 면을 사각형 구멍에 넣자 또 '달칵' 하는 소리가 났다. 마지막으로 나무토막을 90도 돌려 삼각형의 구멍에 넣자 역시 '달칵' 하는 소리가 났다. 그러자 철문이 드르륵 하고 열렸다.

"해 냈어!"

"우린 이제 부자다!"

멀대와 턱수염은 신 나서 철문 안으로 뛰어 들어갔다. 가장 먼저 보물을 차지하고 싶은 생각뿐이었다.

그때였다. 두 사람이 각자의 발을 움켜잡으며 비명을 질렀다.

"어이구 엄마야! 발을 다 찔렸네!"

"아야야. 아파 죽겠다!"

놀란 애꾸눈이 바닥을 살펴보았다. 아니나 다를까 바닥에는 온통 뾰족한 못이 박혀 있었다. 이제 어떻게 한담? 애꾸눈이 고개를 돌리자 저쪽에 무언가가 보였다.

"옳거니, 하늘이 나를 돕는구나!"

애꾸눈이 좋아라 하며 소리쳤다.

애꾸눈은 과연 무엇을 본 것일까? 바로 동굴 한쪽에 있는 장갑차였다. 장갑차를 운전할 수만 있다면 바닥에 박힌 못쯤은 아무것도 아닐 터였다. 나머지 두 도적은 발의 상처를 대충 싸매고 장갑차 쪽으로 곧장 달려갔다.

하지만 장갑차를 어떻게 움직일 수 있을까? 장갑차 주위를 한 바퀴 둘러보던 애꾸눈이 장갑차 뒤쪽에 쓰여 있는 사용 설명서를 발견했다.

손잡이를 시계 방향으로 고양이쥐 번 당기면 움직임.
주의 : 고양이 ≠ 쥐, 둘 다 한 자리 수임.
또한 고양이와 쥐는 아래와 같은 관계가 있음.
고양이 × 쥐 × 고양이쥐 = 쥐쥐쥐

설명을 읽은 멀대가 짜증을 냈다.

"또 수학 문제야? 성가셔 죽겠구먼! 그냥 내가 몇 번 당겨 볼게. 어떻게든 되겠지!"

멀대가 양손으로 손잡이를 잡고 힘껏 몇 번 잡아당겼다. 그러자 '쿠르릉' 하는 소리와 함께 장갑차가 움직이기 시작했다. 세 사람이 미처 올라타기도 전에 장갑차는 앞으로 돌진했다. 마치 귀신에 홀린 듯 장갑차는 세 사람이 있는 쪽으로 달려왔고 놀란 도적들은 철문 밖으로 도망쳤다. 장갑차는 문 앞까지 뒤쫓아 온 후에야 겨우 멈췄다.

"이런 멍청한! 그렇게 함부로 하면 어떡해? 설명서대로 조종하지 않으면 장갑차가 말을 듣겠어?"

애꾸눈이 화를 내며 주먹을 휘둘렀다.

그러자 멀대가 머리를 긁적이며 말했다.

"하지만 고양이가 어떻고 쥐가 어떻고 하는 문제를 어떻게 풀어?"

애꾸눈이 바닥에 앉아 식을 쓰기 시작했다.

"쥐÷쥐가 얼마겠어? 1이지."

턱수염이 고개를 끄덕였다.

"맞아. 1이야."

"그럼 문제는 쉽게 풀리지."

애꾸눈이 말했다.

“ ‘고양이×쥐×고양이쥐=쥐쥐쥐’ 라는 등식의 양변을 쥐로 나누면, $\dfrac{\text{고양이}\times\text{쥐}\times\text{고양이쥐}}{\text{쥐}}=\dfrac{\text{쥐쥐쥐}}{\text{쥐}}$ 야. 곧 ‘고양이×1× 고양이쥐=111’ 이 되는 거지.”

옆에 서 있던 멀대가 말했다.

“그래서 대체 몇 번을 당겨야 한다는 건데?”

“가만히 좀 있어라. 재촉하지 말고!”

애꾸눈이 사나운 눈초리로 멀대를 쫙 노려보고는 다시 고개를 숙이고 계산하기 시작했다.

“111은 3과 37로밖에 나눌 수 없어. 자, 너희 이 두 등식에서 답을 얻을 수 있겠냐?

고양이×고양이쥐=111

3×37=111”

그러자 턱수염이 무릎을 탁 치며 말했다.

“알겠다! 고양이는 3이고 쥐는 7이야. 고양이쥐 번 당기라고 했으니 37번이겠군! 내가 해 볼게.”

애꾸눈이 말했다.

“잊지 마. 시계 방향으로 당겨야 해!”

“알았어.”

턱수염은 두 손으로 손잡이를 쥐고 숫자를 세며 당겼다.

“1, 2, 3……36, 37!”

그러자 ‘쿠르릉’ 하는 소리와 함께 장갑차가 움직이기 시작

했다. 세 도적이 올

라타자 장갑차는 '쿠릉쿠릉' 소리를 내며 못이

박힌 길을 따라 전진했다. 바닥에 깔린 못들은 모두 장갑차의

바퀴에 눌려 버렸다. 신이 난 도적들은 서로 떠들고 소리를 지

르는 등 야단이었다. 그러나 한번 움직이기 시작한 장갑차는

멈춰 서지 않고 못이 박힌 길을 지나 계속 앞으로 내달렸다. 그

렇게 눈앞에 절벽이 나타날 때까지 장갑차는 멈추지 않았다.

세 도적은 깜짝 놀라 "사람 살려!" 하고 소리를 질렀지만 이미

때는 늦었다. 장갑차는 그대로 절벽 아래로 떨어지고 말았다.

그 광경을 지켜보던 샤오제갈은 도적들이 절벽 아래로 떨어

져 죽은 것이 아닐까 하는 생각이 들었다.

절벽 가까이 서서 아래를 내려다보니 생각보다 높지 않았다.

장갑차는 절벽 아래에 거꾸로 뒤집혀 있었다. 세 도적도 이미

장갑차에서 빠져나와 차 위에 올라가 있었다. 죽을 정도는 아

니었지만 절벽에서 떨어져 온몸이 여간 쑤시는 것이 아니었다.

멀대가 두 손으로 허리를 부여잡았다.

"아이고, 아파 죽겠네! 저길 어떻게 올라가지?"

그때 턱수염이 줄 사다리를 발견했다. 사다리는 바닥에서 3미터 정도 높이에 매달려 있어 손이 닿을 것 같지 않았다. 그러나 줄 사다리 아래에는 원반 하나가 매달려 있고 원반에는 16개의 열쇠 구멍이 있었다. 열쇠 구멍은 1부터 16까지 번호가 매겨져 있었고, 가운데에는 열쇠가 하나 있었다.

"열쇠 하나에 구멍이 16개야. 무슨 뜻일까?"

턱수염이 고개를 저으며 말했다.

"뒤집어서 뒷면을 살펴봐."

애꾸눈이 대답했다.

턱수염이 원반을 뒤집어 보았다. 아니나 다를까 무언가가 쓰여 있었다.

"사다리가 내려오면 그걸 타고 올라갈 수 있겠네. 좋아, 내가 하나씩 세어 볼게."

턱수염이 신이 나서 말했다.

"이런 멍청이! 하나씩 세면 어느 세월에 그걸 다 세냐!"

애꾸눈이 턱수염을 향해 눈을 부릅떴다.

그러자 턱수염이 영 모르겠다는 표정으로 대꾸했다.

"그럼 어떻게 해?"

애꾸눈이 말했다.

"한 바퀴 돌면 구멍을 16개 지나는 거잖아. 그러니 몇 바퀴든 돌고 난 후에 남은 구멍 수를 구하면 간단하지. 16으로 나누면 되겠군."

그렇게 말한 애꾸눈은 바닥에 식을 세워 계산하기 시작했다.

$$289 \div 16 = 18 \cdots\cdots 1$$

"289번째 구멍은 18바퀴 돌고 나서 다음 구멍이라는 뜻이야. 그러니 2번 구멍이겠군. 이렇게 계속 계산하면 돼."

애꾸눈이 다시 계산해 나갔다.

2번 구멍에서 시계 반대 방향으로 578번째 구멍은

$$578 \div 16 = 36 \cdots\cdots 2$$

곧 2번 구멍에서 시계 반대 방향으로 두 번째 구멍이니 16번 구멍이고,

$$281 \div 16 = 17 \cdots\cdots 9$$

16번 구멍에서 시계 방향으로 아홉 번째 구멍은 9번 구멍.

거기까지 계산한 애꾸눈이 말했다.

"알아냈다! 9번 구멍에 넣고 돌려 봐."

멀대가 열쇠를 들고 9번 열쇠 구멍에 넣고 돌리자 줄 사다리

가 천천히 내려오기 시작했다. 세 사람은 신 나게 사다리를 타
고 절벽 위로 올라갔다.

원규는 도적들이 위로 올라오는 것을 보고 서둘러 도망쳤다.
눈에 띄기라도 하면 큰일이었다.

"저기에 누가 있어!"

가장 먼저 올라온 멀대가 도망치는 원규의 뒷모습을 보고 소
리쳤다.

"어서 잡아! 놓치지 마라!"

애꾸눈이 멀대와 턱수염에게 명령했다.

세 도적이 한꺼번에 달려들어 에워싸자 원규는 미처 몸을 숨
기지 못하고 붙잡히고 말았다.

"잡았어. 꼬마 녀석인데?"

애꾸눈이 원규를 훑어보더니 말했다.

"우리가 절벽 위로 올라오고 나서 사다리가 다시 올라갔다.
이 녀석을 저 아래로 던져 버리면 다신 올라오지 못하겠지. 수
학 실력이 형편없다면 말이다!"

그러자 멀대와 턱수염이 원규를 양쪽에서 잡고는 절벽 아래
로 떨어뜨렸다. 다행히 마른 풀 더미 위에 떨어져 다치지는 않
았다.

"아야, 아파 죽겠네!"

원규는 얼얼한 엉덩이를 문지르며 말했다.

"이 빚은 꼭 갚아 주고야 말 테니 두고 보라고!"

원규가 줄 사다리 밑에 매달린 원반을 발견했다. 도적들이 한참을 붙들고 고민하던 그 물건이었다. 대체 어떤 문제가 쓰여 있는 걸까 궁금했던 원규는 원반을 들여다보았다.

'뭐야, 별것도 아니었잖아? 양수와 음수*의 덧셈으로 풀면 간단하게 풀 수 있는 문제네. 우선 시계 방향은 양수로, 시계 반대 방향은 음수로 생각하고 계산하면,

시계 방향 289 → +289

시계 반대 방향 578 → −578

시계 방향 281 → +281

모두 합하면,

(+289)+(−578)+(+281)

=289−578+281

=−8'

거기까지 계산한 원규가 중얼거렸다.

"−8은 1번 구멍에서 시계 반대 방향으로 여덟 번째 구멍이니까, 하나, 둘, 셋……여덟. 알았다! 9번 구멍이야."

9번 구멍에 열쇠를 넣고 돌리자 사다리가 내려왔다. 절벽 위로 올라온 원규는 다시 세 도적의 뒤를 쫓기 시작했다.

절벽 위로 올라와 서둘러 세 도적의 뒤를 쫓아 달리던 원규는 얼마 지나지 않아 그들을 발견했다.

그때였다. 갑자기 어디선가 '우르릉' 하는 소리가 들렸다. 고개를 들어 위쪽을 본 원규는 깜짝 놀랐다. 거대한 로봇이 엄청난 크기의 두 손을 아래로 뻗쳐 오고 있었다.

로봇은 한 손으로는 세 도적을, 다른 한 손으로는 원규를 잡고 공중으로 떠올랐다. 네 사람은 모두 로봇의 손바닥 위에 서게 되었다. 아래를 내려다보니 땅에서부터의 거리가 족히 10층 건물 높이는 될 것 같았다.

한편, 원규를 본 애꾸눈이 사나운 얼굴로 말했다.

"너, 꼬마 녀석 아직도 살아 있었냐? 어째서 계속 우리 뒤를 따라오는 거야?"

그러자 원규가 지지 않고 맞받아쳤다.

"너희들이 무슨 나쁜 짓을 하는지 보려고 그런다!"

그 말에 화가 난 애꾸눈은 권총을 뽑아들고 원규를 향해 겨누었다.

"감히 내 손 안에서 총을 쏘려고 하다니! 내가 주먹이라도 꽉 쥐면 어떻게 되는지 알고 싶으냐!"

로봇이 엄한 목소리로 경고했다.

그러자 애꾸눈은 얌전히 총을 거두며 말했다.

"우리는 지수왕의 명령을 받고 보물을 찾으러 왔다. 어째서 우리를 잡은 거지?"

로봇이 대답했다.

"나는 보물을 지키는 로봇이다. 똑똑하고 수학 실력이 좋은 사람만이 보물을 가져갈 수 있어. 멍청한 녀석들이 감히 보물을 차지하겠다고? 어림없는 소리!"

애꾸눈은 손가락으로 자신의 코를 가리켰다.

"내 수학 실력도 만만치 않다고! 보물은 내가 가져갈 거야!"

"좋다! 그렇다면 내 오른쪽 눈을 봐라."

로봇의 오른쪽 눈에 불이 들어오더니 원과 사각형으로 된 식이 나타났다.

○ × ○ = □ = ○ ÷ ○

"0, 1, 2, 3, 4, 5, 6 이 일곱 개의 숫자로 식을 완성해라. 모든 숫자는 한 번씩만 사용할 수 있고, 전부 한 자리 또는 두 자리 정수이다. 사각형 안에 들어갈 수를 맞히면 놓아 주지."

로봇이 말했다.

"애꾸눈 형님, 어서 사각형에 들어갈 숫자를 계산해 줘. 우리가 먼저 내려가야 보물을 빨리 찾을 수 있잖아."

멀대가 말했다.

"시끄러워! 주위가 조용해야 문제를 풀든지 할 거 아냐!"

애꾸눈이 문제를 풀기 시작했다. 원규 역시 계산을 시작했다. 일곱 개의 숫자로 다섯 가지 수를 만들도록 했으니 분명히 한 자리 숫자 세 개와 두 자리 숫자 두 개일 것이다. 그럼 두 자리 수가 어디에 들어가야 할까? 사각형에 들어갈 수와 오른쪽의 나누어지는 수가 두 자리 수겠지. 원규는 간단한 계산을 통해 답을 구해 냈다.

$$3 \times 4 = 12 = 60 \div 5$$

"계산했어요! 하지만 저쪽이 답을 들으면 안 돼요."

원규가 로봇에게 말했다.

"알았다."

로봇은 원규가 있는 손을 들어 귀 옆으로 가져갔다.

"답은 12예요."

원규는 로봇의 귀에다 대고 작은 소리로 답을 말했다.

"정답이야! 넌 보물을 가지러 가도 좋다."

로봇이 원규를 조심스럽게 땅에 내려 주었다.

"안녕. 착한 로봇 아저씨!"

그렇게 손을 흔들어 인사한 원규는 걸음을 서둘렀다.

한편, 원규가 먼저 가 버리자 애꾸눈은 마음이 조급해졌다. 원규가 먼저 보물을 손에 넣기라도 하면 큰일이라고 생각한 도적들은 열심히 문제를 풀기 시작했다. 잠시 후 애꾸눈이 무릎을 세게 탁 쳤다.

"알았어! 계산해 냈다. 사각형 안의 숫자는 12야."

"정답이다."

세 도적은 로봇이 그들을 땅에 내려놓자마자 죽어라 달리기 시작했다. 애꾸눈이 정신없이 달리며 소리쳤다.

"뛰어! 그 꼬마 녀석이 보물을 가지고 가기 전에 잡아야 해!"

원규 역시 도적들에게 잡힐 것이 걱정되어 최대한 속도를 냈다. 그렇게 얼마쯤 걸었을 때였다. 갑자기 허리에 딱딱한 물체가 닿았다. 고개를 돌려 보니 애꾸눈이 권총을 들고 서 있었다.

"형님, 이 녀석이 자꾸 우리 뒤를 쫓아와 보물을 노리는데 그냥 버리고 갑시다."

턱수염이 애꾸눈에게 말했다.

"이 녀석 수학 실력이 제법이야. 보물을 찾으러 가는 길에 장애물을 만나면 써먹을 수 있을 거다."

그렇게 말한 애꾸눈은 원규에게 말했다.

"자, 이제 우리 뒤를 쫓을 필요 없다. 앞장서!"

그렇게 원규를 앞세운 무리가 다시 길을 걷기 시작했다. 얼마쯤 가자 네 개의 문이 길목을 막고 있었다. 굳게 닫힌 문에는 각각 1479, 1049, 1047, 1407이라는 숫자가 쓰여 있었다.

턱수염은 아무 생각 없이 1479라고 적힌 문을 열었다. 그러자 '휙' 하는 소리와 함께 문 안쪽에서 로봇 뱀이 모습을 나타냈다. 뱀이 입을 크게 벌려 1미터쯤 되는 붉은 혀를 내밀었다. 놀란 턱수염이 허둥지둥 이쪽으로 달려왔다. 애꾸눈은 뱀이 잠시 주춤거리는 틈을 타 빠르게 달려들어서 문을 닫아 버렸다.

"죽고 싶어? 그렇게 아무 문이나 막 열면 어떡해?"

애꾸눈이 턱수염에게 소리를 질렀다.

그때 멀대가 바닥에서 편지 봉투 하나를 발견했다. 봉투 안에는 쪽지가 들어 있었다.

멀대가 봉투에서 다섯 장의 카드를 꺼냈다. 0, 1, 4, 7, 9의 숫자가 각각 적혀 있었다.

"애꾸눈 형님, 한번 해 보슈."

"여기 이 꼬마 녀석이 있는데 왜 나더러 하라는 거야?"

멀대에게 쏘아붙인 애꾸눈이 원규를 향해 소리쳤다.

"어이, 꼬마. 빨리 해 봐라!"

"좀 상냥하게 말하면 안 돼요? 난 벌써 0, 1, 4, 7 이 네 장을 써야겠다고 생각해 놓았다고요."

원규는 목을 움츠리며 대꾸했다.

"너무 간단히 결정한 거 아냐?"

멀대가 카드를 쥔 채 물었다.

"왜 0, 1, 4, 9가 아니라 0, 1, 4, 7을 고른 거지?"

원규가 멀대를 한 번 흘겨보고는 말했다.

"이렇게 쉬운 문제도 풀 줄 모르다니. 정말 창피하다. 창피해."

그러자 멀대의 얼굴이 붉으락푸르락해졌다.

원규는 바닥에 두 개의 식을 썼다.

$0+1+4+9=14$

0+1+4+7=12

"0, 1, 4, 9의 합은 14이니 3의 배수*가 아니잖아요. 이걸로 만든 네 자리 수는 3으로 나누어떨어질 수 없어요. 하지만 0, 1, 4, 7의 합은 12이고 3의 배수니까 이 숫자들로 네 자리 수를 만들면 3으로 나눌 수 있는 거죠. 알겠어요?"

멀대가 고개를 끄덕였다.

원규는 바닥에 네 자리 숫자 네 개를 크기가 작은 순서대로 썼다.

1047, 1074, 1407, 1470

"1407번 문을 열어야겠네요."

애꾸눈이 원규의 등을 밀며 말했다.

"네가 가서 열어라."

1407번 문을 연 원규는 잽싸게 몸을 돌려 애꾸눈의 배를 힘껏 걷어찼다. 그러고는 애꾸눈이 바닥에 쓰러진 틈을 타 얼른 문을 닫고 도망쳤다.

바닥에 엎어진 애꾸눈은 배를 부여잡고 '아이고, 아이고' 소리를 질러댔다. 그러다 곧 나머지 두 도적을 향해 말했다.

"뭘 멍하게 서 있는 거야? 어서 쫓아!"

원규는 애꾸눈과 두 도적을 문 밖에 둔 채 정신없이 달렸다. 그렇게 한참을 달리자 눈앞에 험하고 좁은 골짜기가 나타났다.

깊이가 얼마나 될까? 뛰어내려도 될까? 도무지 감이 잡히지 않았다. 원규는 골짜기 근처에서 기다란 밧줄을 찾았다. 그 밧줄로 골짜기가 얼마나 깊은지 재어 볼 수 있을 것 같았다. 그러나 밧줄의 길이를 잴 수 있는 자가 없었다.

잠시 생각하던 원규는 곧 방법을 깨달았다. 자가 없어도 걱정할 것이 없었다. 우선 밧줄을 세 등분 한 다음 꾹꾹 눌러 접어 자국을 냈다. 접은 밧줄의 한쪽 끝을 잡고 다른 쪽을 골짜기 아래로 천천히 내리다 보니 손에 쥔 쪽의 밧줄이 정수리에 올 만큼 남았을 때 다른 쪽 끝이 골짜기 바닥에 닿았다. 다시 밧줄을 끌어 올려 네 등분 한 다음 아래로 던졌다. 이번에는 팔의 길이만큼 남았다.

자신의 키가 1미터 60센티미터이고 팔의 길이가 60센티이니 이 두 길이를 이용해서 골짜기의 깊이를 알아낼 수 있을 것 같았다. 그러자면 먼저 밧줄의 길이부터 알아야 했다.

밧줄을 세 등분 했을 때,

$$\frac{1}{3} \times 밧줄의\ 길이 = 골짜기의\ 깊이 + 1.6미터$$

밧줄을 네 등분 했을 때,

$$\frac{1}{4} \times 밧줄의\ 길이 = 골짜기의\ 깊이 + 0.6미터$$

이 두 가지 식을 뺄셈하면,

$$\left(\frac{1}{3} - \frac{1}{4}\right) \times 밧줄의\ 길이 = 1.6 - 0.6$$

$$밧줄의\ 길이 = (1.6 - 0.6) \div \left(\frac{1}{3} - \frac{1}{4}\right)$$

$$= 1 \div \frac{1}{12} = 12(미터)$$

"아하, 이 밧줄의 길이는 12미터구나. 이제 골짜기의 깊이를 알 수 있겠어."

원규는 다시 식을 세웠다.

$$골짜기의\ 깊이 = \frac{1}{3} \times 밧줄의\ 길이 - 1.6$$

$$= \frac{1}{3} \times 12 - 1.6 = 2.4(미터)$$

"2.4미터면 별로 깊지 않잖아. 뛰어내려도 되겠는데?"

신이 난 원규는 그대로 골짜기 아래로 뛰어내렸다.

골짜기를 지나 100미터쯤 걷자 지붕이 없는 오픈카 두 대가

서 있었다. 차를 타고 가는 쪽이 걷는 것보다 한결 수월할 터였다. 그러나 다시 보니 자동차 두 대의 바퀴 크기가 달랐다. 그렇다면 속도도 분명히 다를 것이다. 당연히 더 빠른 쪽을 선택해야 했다.

자동차의 앞바퀴에는 바퀴의 지름과 회전 속도가 적혀 있었다. 바퀴가 큰 쪽은 지름이 0.6미터, 1초에 한 바퀴씩 회전하고, 작은 쪽은 지름이 0.4미터, 1초에 두 바퀴씩 회전한다. 원규는 어느 자동차가 더 빠른지 계산해 보기로 했다.

자동차의 속도를 구하는 식은 3.14×바퀴의 지름×초당 회전 수이니까,

바퀴가 큰 자동차의 속도

=3.14×0.6×1

=1.884(미터/초)

바퀴가 작은 자동차의 속도

=3.14×0.4×2

=2.512(미터/초)

"오호라, 바퀴가 작은 쪽이 더 빠르구나."

원규는 작은 바퀴를 가진 자동차에 올라타서는 뒤따라오는 애꾸눈을 향해 말했다.

"이봐, 애꾸눈! 우리 자동차 경주나 해 볼까?"

그러자 애꾸눈은 흐흐 하고 웃었다.

"바보 같은 녀석. 이쪽 바퀴가 더 크니 당연히 우리가 더 빠르지 않겠냐."

애꾸눈은 그렇게 말한 다음 바퀴가 큰 자동차에 훌쩍 올라탔다. 자동차 두 대가 빠른 속도로 달리기 시작했다. 그렇게 달리다 보니 어느새 도적들의 자동차는 원규보다 한참 뒤처지게 되었다.

"안녕! 보물은 내가 먼저 가지러 간다!"

애꾸눈은 화를 내며 씩씩댔지만 원규의 자동차는 점점 멀어져만 갔다.

그런데 원규가 고개를 숙여 계기판을 힐끗 보았더니, 남은 연료량을 표시하는 바늘이 0을 가리키고 있었다.

"큰일이야. 연료가 거의 떨어졌어!"

원규는 마음이 조급해지기 시작했다.

그러나 '하늘이 무너져도 솟아날 구멍은 있는 법.' 아니나 다를까 저만큼 앞에 주유소가 보였다. 로봇 하나가 일하는 주유소에는 모양이 다른 휘발유 통 두 개가 있었다.

좁고 긴 모양의 원통에는 반지름 0.2미터, 높이 0.6미터라고 쓰여 있었고, 바닥이 넓고 길이가 짧은 원통에

는 반지름 0.3미터, 높이 0.3미터라고 적혀
있었다.

로봇이 원규에게 말했다.

"한 통만 가져갈 수 있습니다."

그렇다면 연료가 더 많이 들어 있는 쪽을
가져가야 했다. 잠시 생각하던 원규는 두
원통의 부피*를 계산하기로 했다.

식을 세우다 보니 굳이 두 휘발유 통의
부피를 계산하지 않고 비교만 하면 될 일이었다.

$$\frac{\text{좁고 긴 휘발유 통의 부피}}{\text{넓고 짧은 휘발유 통의 부피}} = \frac{3.14 \times 0.2 \times 0.2 \times 0.6}{3.14 \times 0.3 \times 0.3 \times 0.3} = \frac{8}{9}$$

원규가 길이가 짧은 쪽의 휘발유 통을 들고 말했다.

"이 통에 휘발유가 더 많이 들어 있네! 이걸 가져갈게요."

연료통에 휘발유를 채우고 막 차를 출발시키려던 찰나, 도적
들의 차가 도착했다. 세 도적도 휘발유가 필요했다.

멀대가 남아 있는 휘발유 통을 집어 연료통에 부으며 말했다.

"형님, 어떻게 녀석을 잡지?"

"총을 쏴야지!"

애꾸눈은 원규의 차 쪽으로 총을 몇 발 쏘았다.

원규가 급히 머리를 숙였다. '휙휙' 소리를 내며 총알이 머리
위로 지나갔다. 이대로 가만히 당할 수만은 없었다.

차를 몰며 주위를 살피던 원규의 눈에 총 한 자루와 주머니가 길가에 놓인 것이 보였다. 차를 세우고 총을 집어올린 원규는 순간 멍해졌다. 듣도 보도 못한 신기한 총이었다. 총에는 '숫자 기관총'이라는 이름과 함께 사용 설명서가 있었다.

이 숫자 기관총에는 왼쪽과 오른쪽에 각각 총알을 넣을 수 있는 공간이 있다. 주머니에는 열 개의 총알이 들어 있고 각 총알에는 번호가 적혀 있다.
기관총 왼쪽에 넣은 총알 다섯 개의 번호를 모두 곱한 값과 오른쪽 총알의 번호를 모두 곱한 값이 같으면 총알을 발사할 수 있다.

"정말 이상한 총이군!"

원규는 주머니에서 총알 열 개를 꺼내 숫자가 작은 순서대로 늘어놓았다.

21, 22, 34, 39, 44, 45, 65, 76, 133, 153

원규는 열 개의 숫자를 보며 조용히 생각했다. 이 중 다섯 개의 곱과 나머지 다섯 개의 곱을 같게 하려면 마구잡이로 곱셈해서 풀 일이 아니었다.

'음, 생각해야 해. 생각해야 해. 그래, 열 개의 숫자를 모두 소인수 분해한 다음 양쪽이 같은 인수를 갖도록 하자.'

한참을 생각하던 원규는 식을 정리해 보았다.

왼쪽=76×21×65×22×153

$$=(2 \times 2 \times 19) \times (3 \times 7) \times (5 \times 13) \times (2 \times 11) \times (3 \times 3 \times 17)$$

$$=19 \times 17 \times 13 \times 11 \times 7 \times 5 \times 3 \times 3 \times 3 \times 2 \times 2 \times 2$$

$$오른쪽=34 \times 44 \times 45 \times 39 \times 133$$

$$=(2 \times 17) \times (2 \times 2 \times 11) \times (3 \times 3 \times 5) \times (3 \times 13) \times (7 \times 19)$$

$$=19 \times 17 \times 13 \times 11 \times 7 \times 5 \times 3 \times 3 \times 3 \times 2 \times 2 \times 2$$

"하하하, 이제 나도 총을 쏠 수 있다고!"

원규는 숫자 기관총을 들고 신 나게 차에 올라탔다. 그때였다. 뒤쪽에서 '탕탕' 하고 총소리가 들렸다.

애꾸눈이 차를 몰고 쫓아오자 총격전이 펼쳐졌다.

그러나 사격 솜씨라면 원규가 애꾸눈을 당할 수가 없었다. 근방에서 유명한 도적인 애꾸눈은 한 번 겨냥한 것은 정확히 맞춰 총 한 발도 허투루 빗겨 가는 일이 없었다. 애꾸눈이 몇 발 쏘지 않아 곧 원규의 차는 만신창이가 되었다.

금세 총알을 다 쓴 원규는 차를 버리고 달리기 시작했다.

그러자 차에서 내린 애꾸눈이 뒤를 쫓으며 소리쳤다.

"놈이 도망간다! 빨리 가서 잡아!"

산 위를 향해 달리자 두 갈래 길이 나타났다. 어느 쪽 길로 가야 가장 빨리 정상에 도착할 수 있을까 생각하던 원규가 길가에 세워진 표지판으로 다가갔다.

표지판에는 노선도와 계산식 네 개가 적혀 있었다.

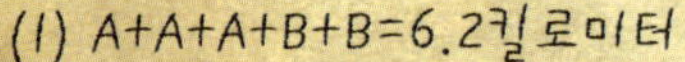
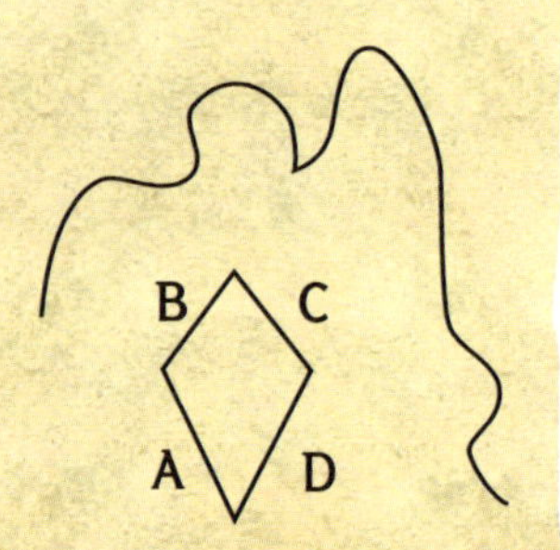

"A+B와 C+D의 값을 구한 다음 어느 쪽 길이 더 짧은지 비교해야겠어."

원규는 재빨리 바닥에 식을 쓰며 계산하기 시작했다.

(1) A+A+A+B+B=3A+2B=6.2킬로미터

(2) A+A+B+B+B+B=2A+4B=6킬로미터

여기서 A를 알아내려면 B를 없애야 하므로,

$2 \times$ (1)-(2)⟹4A=6.4킬로미터

A=1.6킬로미터. 이것을 식에 대입하면,

B=0.7킬로미터, A+B=2.3킬로미터.

역시 같은 방법으로 C+D=3킬로미터라는 것도 알아냈다.

"아하, 왼쪽 길이 더 빠르구나. 왼쪽으로 가야겠군."

원규는 황급히 왼쪽 길로 달려갔다.

도적들도 원규의 뒤를 쫓아 두 갈래 길 앞에 도착했다.

"길이 둘로 나뉘는데 어느 쪽으로 가지?"

턱수염이 물었다.

그러자 애꾸눈이 두 팔을 들어 양쪽 길 모두를 가리켰다.

"둘로 흩어져서 쫓아!"

산꼭대기에 도착한 원규는 도적들을 막기 위해 뭐라도 만들어야 했다. 그때 크기가 비슷한 돌들이 한 무더기 쌓여 있는 것이 보였다. 돌은 한 개당 10킬로그램 정도 되어 보였다.

"가장 아래에 돌 열 개를 깔고 쌓으면 한 층씩 올라갈 때마다 돌멩이가 하나씩 줄어들게 쌓으면 되겠군."

한 층 한 층 돌을 쌓아 나가자 하나도 남김없이 정확히 10층 돌벽을 쌓을 수 있었다.

"좋아! 55개의 돌멩이를 모두 쌓았어."

애꾸눈과 도적들도 산꼭대기에 도착했다. 세 사람은 몸을 낮추고 천천히 원규가 쌓아 둔 돌벽 쪽으로 다가왔다.

원규는 세 도적이 돌벽 앞까지 온 것을 보고는 두 손으로 힘껏 벽을 밀었다. 그러자 벽이 와르르 무너지며 큼직한 돌들이 도적들을 향해 돌진하기 시작했다.

"엄마야, 머리에 돌을 맞았어!"

"아야, 돌에 깔려 죽는다!"

그들은 그렇게 돌과 한데 엉켜 산 아래까지 굴러떨어졌다.

산꼭대기에 선 원규는 두 팔을 번쩍 든 채 크게 웃었다.

"애꾸눈, 산 밑에 있는 건물에서 기다릴 테니 빨리 오라고!"

　원규가 말한 건물은 5층짜리 폐공장이었다. 문을 열고 안으로 들어가자 이것저것 버려진 물품이 많이 보였다. 바닥을 살피며 뭔가 쓸 만한 게 있는지 찾아 보았다.

　원규는 먼저 대나무 막대기와 굵은 피아노 줄을 찾았다. 이것들로 활을 만들 수 있을 것 같았다. 그리고 화살로 만들 만한 가느다란 나무 막대기를 여러 개 찾아냈다. 화살촉은 어떻게 한담? 원규는 작업대 옆에서 단단한 H형 동판을 발견했다. 그리고 동판으로 화살촉을 만들 방법을 생각해 냈다.

　원규는 톱으로 동판을 잘라낸 다음 다시 합쳐 화살촉을 만들었다. 그리고 화살촉을 나무 막대기에 연결하자 화살이 완성되었다. 왼손에는 활을, 오른손에는 화살을 쥔 원규가 말했다.

　"하하, 아주 멋진 활과 화살인데?"

　그때 애꾸눈이 이쪽으로 달려오며 소리쳤다.

　"꼬마 녀석이 건물 안에 숨어 있다! 어서 들어가!"

　턱수염과 멀대가 건물 문으로 달려들었다.

　그때 창문에서 화살 한 대가 '휙!' 하고 날아와 멀대의 오른쪽 다리에 맞았다. "아이고!" 하고 소리 지르며 멀대가 바닥에 쓰러졌다.

　그 광경을 본 애꾸눈이 영문을 모르고 멍하게 서 있자 또다시 '휙' 하는 소리와 함께 화살 한 대가 날아들었다. 놀란 애꾸눈이 황급히 머리를 숙이자 화살은 그의 머리를 살짝 스치고 지나갔다. 몸을 돌려 도망가던 턱수염은 엉덩이에 화살을 맞았다.

　"저 꼬마 녀석은 활을 왜 저렇게 잘 쏘는 거야?"

　원규는 3층 창문으로 고개를 내밀며 킥킥 웃었다.

　"내 새총 솜씨가 백발백중이거든. 그러니 활도 잘 쏘지."

날카롭지 않은 화살촉 덕분에 턱수염과 멀대는 크게 다치지 않았다. 멀대는 뚜껑 없는 냄비를 머리에 쓰고 턱수염은 떨어진 문짝을 가져다 방패로 삼아 다시 건물을 향해 달려왔다. 과연 그들의 냄비와 문짝은 원규가 쏜 화살을 막아냈다.

도적들이 문을 뚫고 안으로 들어왔다. 하지만 원규가 안쪽 문을 잠가 놓았기 때문에 바로 들어오지 못했다.

"어이, 우리가 이미 문을 막았다! 넌 이제 건물 밖으로 못 나간다고! 어서 항복하시지!"

애꾸눈이 문 앞에서 큰 소리로 외쳤다.

이제 어떻게 해야 할까? 저쪽은 총이 있으니 막무가내로 싸울 수는 없었다. 거기까지 생각한 원규가 고개를 끄덕였다. 역시 삼십육계 줄행랑이 상책이었다. 이제 어떻게 건물을 빠져나갈 수 있을지 생각해야 했다.

한편, 애꾸눈과 도적들이 1층과 2층의 문을 뚫고 올라오자 원규는 5층까지 밀려 올라갔다. 그때 밧줄 한 뭉치가 눈에 들어왔다. 저 밧줄을 창 밖으로 내린 다음 천천히 타고 내려가면 될 것 같았다. 하지만 만약 밧줄이 땅에 닿지 않으면?

그때 갑자기 좋은 생각이 떠올랐다. 원규가 밧줄의 한쪽 끝을 잡아 건물 안에 있는 커다란 둥근 기둥에 감기 시작했다. 한 바퀴 한 바퀴 감아 보니 총 20바퀴가 감겼다. 그런 다음 다시 자를 이용해 기둥의 지름을 재고 밧줄의 길이를 구했다.

밧줄의 길이=원주율×기둥의 지름×밧줄이 기둥에 감긴 횟수

=3.14×0.25×20

=15.7(미터)

원규는 고개를 내밀어 건물의 높이를 가늠해 보았다.

"각 층이 높아 봐야 3미터 정도일 테니 5층이면 최대 15미터야. 길이는 충분하겠어."

밧줄을 기둥에 감아 단단히 고정하고 한쪽 끝을 창 밖으로 던졌다. 그러고는 밧줄을 잡고 천천히 아래로 내려갔다.

그때 '쾅' 하는 소리와 함께 5층의 문이 열렸다.

애꾸눈이 손으로 앞을 가리키며 외쳤다.

"녀석을 찾아!"

활을 찾아낸 턱수염이 말했다.

"활뿐이야. 사람은 없어."

그러자 갑자기 멀대가 창가에 엎드려 소리쳤다.

"빨리 와 봐! 저 녀석이 밧줄을 타고 내려가고 있어!"

애꾸눈이 말했다.

"칼로 밧줄을 잘라 버려!"

턱수염이 칼을 꺼내 밧줄을 세게 내려쳤다. 밧줄이 끊어지자 저 바깥쪽에서 "아얏!" 하는 소리가 들렸다.

턱수염이 밧줄을 자르자 원규는 바닥으로 떨어졌다. 다행히 이미 땅 가까이 내려왔던 터라 크게 다치지는 않았다. 원규는 벌떡 일어서서 엉덩이에 묻은 흙을 툭툭 털어 내며 앞으로 걸어갔다.

길모퉁이에 '보물섬'이라고 쓰인 표지판이 서 있었다. 표지판 앞에는 다리가 하나 있었고 역시 근처에 팻말이 서 있었다. 팻말에는 '숫자 다리'라고 적혀 있었다. 다리는 총 15개의 조각으로 이루어져 있었고, 이쪽에서 가까운 조각에는 '0', 가운데의 조각 9개에는 각각 아홉 개의 분수가, 그리고 다리 저쪽에는 '1'이 적혀 있었다.

이 분수 다리를 건너는 방법을 금방 알아낸 원규는 순식간에 다리를 건너갔다.

애꾸눈과 두 도적들도 다리 앞에 도착했다.

"이봐, 재주 있으면 이쪽으로 와서 날 잡아 보시지!"

다리 저편에 있는 원규가 일부러 약 올리듯 외쳤다.

그러자 화가 난 턱수염이 다리 위로 올라와 $\frac{1}{9}$ 이라고 적힌 조각 위에 두 발을 올렸다. 그러자 턱수염이 밟고 올라선 그 조각이 아래로 툭 빠졌다.

'풍덩' 하는 소리와 함께 턱수염은 강물에 빠졌다. 강가로 헤엄쳐 나온 턱수염은 머리부터 발끝까지 홀딱 젖어서 물에 빠진 생쥐 꼴이었다.

	0	
$\frac{1}{8}$	$\frac{1}{9}$	$\frac{1}{2}$
$\frac{1}{7}$	$\frac{1}{6}$	$\frac{1}{10}$
$\frac{1}{5}$	$\frac{1}{4}$	$\frac{1}{3}$
	1	

"함부로 가지 마라! 이쪽은 0이고 저쪽엔 1이 적혀 있어. 이 다리의 뜻은 각 분수의 합이 1이 되는 조각 세 개를 밟고 건너가라는 거다!"

애꾸눈이 소리치자 턱수염이 대답했다.

"$\frac{1}{8}$, $\frac{1}{7}$, $\frac{1}{5}$ 순서대로 밟고 가면 안 돼?"

애꾸눈이 대꾸했다.

"$\frac{1}{8}+\frac{1}{7}+\frac{1}{5}=\frac{131}{280}$, 1이 아니잖아. 안 돼!"

"그럼 어떻게 해야 강물에 빠지지 않고 건너간단 말이야?"

턱수염과 멀대는 도저히 모르겠다는 얼굴이었다.

애꾸눈이 다리를 가리키며 말했다.

"이렇게 가자! 먼저 $\frac{1}{2}$을 밟고 다음에 $\frac{1}{6}$을 밟고 마지막으로 $\frac{1}{3}$을 밟아. 이렇게 하면 $\frac{1}{2}+\frac{1}{6}+\frac{1}{3}=1$이지."

말을 마친 애꾸눈이 앞장서자 세 명의 도적은 모두 다리를 건널 수 있었다. 바로 눈앞에 보물성이 있었다. 보물성의 문은 굳게 닫혀 있었고 문 오른쪽에 버튼이 하나 있었다. 버튼 아래에는 이상한 식이 적혀 있었다.

가장 먼저 그곳에 도착한 사람은 물론 원규였다.

문을열고싶나
$\times$ 　　　나

번번번번번번

“이게 무슨 뜻이지?”

원규는 곰곰이 생각했다.

‘숫자여야 곱셈을 할 수 있으니 여기 적힌 글자는 모두 숫자를 의미하는 거야. 한번 풀어 보자. 1×1=1인데 나×나=번이니 ‘나’는 1이 아니야. ‘나’는 2, 3, 4, 5, 6도 아니다. 아하, ‘나’는 7이구나! 그렇다면 ‘번’은 9다. 7×7=49이니까. 이런 식으로 계산하면 ‘싶’은 5, ‘고’는 8, ‘열’은 2, ‘을’은 4, ‘문’은 1이야. 식으로 정리하면,

$$142857 \times 7 = 999999$$

‘번’이 9이니까 아홉 번 눌러 봐야겠다.’

원규가 버튼을 아홉 번 누르자 ‘드르륵’ 하는 소리와 함께 보물성의 문이 열렸다. 안쪽을 들여다본 원규는 ‘헉’ 하는 소리를 내며 얼어붙은 듯 딱딱하게 굳어 버렸다.

방의 문이 열리자 지수왕의 모습이 보였다.

"아니, 이게 어떻게 된 거죠?"

놀란 원규가 굳은 얼굴로 물었다.

"허허허……."

지수왕은 미친 듯이 웃음을 터트렸다.

"오래간만이군, 원규 군! 여기서 이렇게 만나게 될 줄은 몰랐구면."

"어떻게 된 일이냐고요?"

원규의 물음에 지수왕은 우쭐한 얼굴로 대꾸했다.

"신비한 동굴과 보물은 모두 내가 꾸며 낸 일이다. 각종 장애물과 문제도 다 내가 만든 것이지. 내가 초대한 소년들의 수학 실력을 시험하기 위해서 말이야. 좋아! 넌 합격이다."

그러자 원규가 다시 물었다.

"그럼 애꾸눈은 뭐였죠?"

"아, 그 도적 말이냐? 그놈은 돈을 너무 좋아했어. 결국은 돈 때문에 저세상으로 가고 말았지만 말이다."

"그럼 샤오이는요? 샤오이를 어디로 납치한 거예요?"

원규가 걱정 섞인 목소리로 물었다.

"납치라고? 오해하지 마라. 난 샤오이를 중국으로 돌려보내 줄 생각이었어. 그 녀석이 중간에 도망쳐 버릴 줄 누가 알았겠느냐. 너를 보물성으로 부른 이유도 그거란다. 어떻게 샤오이를 찾아야 할지 함께 의논해 보자고 말이다."

"샤오이를 납치할 땐 언제고 이젠 가서 찾아오라고요?"

원규는 고개를 떨어뜨리며 지수왕을 외면했다.

"너희 둘은 친한 친구가 아니냐. 어려운 때를 함께 보낸 친구 말이다!"

잠시 생각하던 원규가 말했다.

"좋아요. 그럼 지도를 한 장 주세요. 샤오이가 도망친 위치도 알려 주시고요."

"좋다."

지수왕이 지도를 꺼내며 입을 열었다.

"우리는 샤오이를 데리고 가장 먼저 호랑이 산의 어흥 절벽으로 갔었지. 그곳에서 도망친 샤오이는 '들어올 수 있으나 나갈 수는 없는 곳’ 이라는 미궁을 빠져나가 산 아래에서 ‘딸기코 통닭집’ 을 지났다. 그러고 나서 진실의 나라에서 온 에이크 왕 자를 만났어.”

그러자 원규가 지수왕의 말허리를 끊고 끼어들었다.

“그러니까 샤오이가 지금 어디 있냐고요. 그런 쓸데없는 얘 기들은 왜 늘어놓는 거예요!”

“알았다! 알았어. 곰보 중대장이 마지막으로 보고한 내용 은 샤오이가 에이크 왕자의 초대를 받아 진실의 나라로 갔다 는 거야.”

지수왕은 헛웃음을 두어 번 짓고 말을 이었다.

“에이크 왕자와 나는 사이가 별로 좋지 않아서 진실의 나라 에 내가 가기는 좀 곤란하단다. 그러니 네가 진실의 나라에 가 서 샤오이도 찾아보고 곰보 중대장도 데리고 오렴.”

원규는 이해가 되지 않는다는 듯 되물었다.

“곰보 중대장의 일은 어떻게 알죠?”

“허허.”

지수왕이 또 억지웃음을 지었다.

“내가 곰보 중대장을 보내 원규를 보호하도록 했지. 그런 데 샤오이는 별 탈이 없는데 우리 곰보 중대장이 없어지지 않았겠니.”

그러자 원규가 비꼬듯 말했다.

"역시 곰보 중대장은 국왕 폐하가 가장 아끼는 충신이군요!"

그 말을 들은 지수왕의 얼굴이 붉으락푸르락해졌지만 다시 헛웃음을 지어 보이며 말했다.

"네가 진실의 나라에서 샤오이를 찾아오고 또 곰보 중대장을 데려온다면 큰 상을 내리마."

"정말이죠? 약속 지키는 거예요."

"지키고말고! 네가 날 믿지 못하겠다면 각서를 써 주지."

그렇게 말한 지수왕은 종이와 펜을 꺼내 들었다.

원규는 잠시 망설이다 말했다.

"좋아요! 폐하와 곰보 중대장에게 여러 번 당하긴 했지만, 지금은 사람을 구하는 것이 급하니 지난 일은 묻어 두도록 하죠. 전 폐하 같은 사람이 아니니까요. 어때요?"

"좋다. 좋아! 보상으로 얼마를 원하나?"

지수왕은 펜을 들고 금액을 적을 준비를 했다.

가만히 생각에 잠겼던 원규가 입을 열었다.

"많이는 필요 없어요. 내일부터 시작해서 첫째 날은 한 냥, 둘째 날은 두 냥, 셋째 날은 넉 냥, 하는 식으로 매일 전날의 두 배만큼 계산해 주시면 돼요. 제가 곰보 중대장을 데리고 오는 날까지 계산해서 맞바꾸기로 하죠."

지수왕은 원규가 말한 금액이 큰돈이 아니라고 생각하고는 흔쾌히 고개를 끄덕이며 각서를 써서 건네주었다.

원규는 지수왕에게 말 한 마리를 얻어 진실의 나라로 출발했다. 그렇게 한참 말을 몰 때였다. 누군가가 뒤에서 부르는 소리가 들렸다.

"원규, 잠깐만 기다려!"

"누가 날 부르는 거지?"

원규는 급히 말을 멈춰 세우고 뒤를 돌아보았다. 화려한 차림새의 마르고 키가 큰 소년이 까맣고 윤기가 흐르는 나귀를 타고 뒤따라 오고 있었다. 원규 앞에 도착한 소년은 나귀에서 내려 깍듯하게 허리를 숙여 인사했다.

"똑똑하고 지혜로운 원규, 반가워!"

원규는 영문을 알 수 없는 소년의 행동에 고개를 갸웃거렸다.

"넌 누구야? 내가 아는 사람 같지 않은데."

그러자 소년이 대답했다.

"난 똑똑이라고 해."

"똑똑이?"

소년은 고개를 끄덕였다.

"난 지수왕의 아들이야. 이름은 똑똑이지."

지수왕의 아들이라는 소리를 듣자 원규의 얼굴에 경계심이 가득해졌다.

"이번엔 아들을 보내서 날 상대하게 할 생각인가? 무슨 속셈인지 알아야겠어! 네가 지수왕의 아들이라면 틀림없이 아버지처럼 속이 시커멓고 비겁한 계략을 꾸미려 들겠지?"

그러자 똑똑이는 '헤헤' 하고 웃었다

"그건 네가 잘못 생각한 것 같은데. 아바마마는 항상 내가 어딘가 좀 모자라고 바보 같다고 하시는걸. 게다가 내가 원규나 샤오이만큼 똑똑해지면 소원이 없겠다고 하셔."

원규는 똑똑이가 탄 나귀에 눈길을 보냈다. 말이 아닌 나귀를 타는 것이 의아했다.

"다들 말을 타고 다니는데 넌 어째서 나귀를 타는 거지?"

똑똑이는 멋쩍은 듯 고개를 숙이며 말했다.

"아바마마께서 난 아직 말을 탈 만큼 똑똑하지 않다며 나귀를 타게 하셨어. 내 실력이 너희만큼 되면 그때 말을 타게 해 주신다고 말야."

똑똑이에게서 지수왕처럼 교활한 구석이라고는 찾아볼 수 없었다. 오히려 순수하고 단순해 보였다. 그렇게 생각한 원규는 태도를 누그러뜨렸다.

"그런데 왜 날 멈춰 세운 거지?"

"헤헷. 너와 함께 진실의 나라로 가서 샤오이를 찾고 싶어. 너희와 같이 다니면 똑똑해지는 법을 좀 배울 수 있을 것 같아서. 게다가 내가 이래 봬도 무술 실력은 제법이라고. 가는 길에 널 보호해 줄 수도 있고 말이야."

원규는 잠시 고민했다. 본성이 착한 똑똑이였다. 그런 그가 지수왕에게서 온갖 나쁜 것들을 배우기 전에 함께 다니면서 좋은 사람이 되어야 한다고 말해 주는 것도 괜찮을 것 같았다.

원규가 고개를 끄덕이자 똑똑이는 무척 기뻐하며 나귀를 타고 원규의 주위를 빙빙 돌았다.

똑똑이와 함께 다니자 별문제 없이 국경까지 갈 수 있었다.

그러나 국경 검문소에서 예상치 못한 문제가 생겼다.

말을 탄 원규와 나귀를 탄 똑똑이는 즐겁게 이야기를 나누며 국경 검문소에 도착했다. 똑똑한 사람들의 나라 병사들은 그들이 도착하자 곧바로 예를 갖추고 왕자에 대한 경의를 표했다.

그런데 똑똑이가 막 진실의 나라를 향해 국경을 넘으려 할 때였다. 갑자기 병사 둘이 앞을 막아섰다.

"무엄하다! 감히 내 앞길을 막다니!"

똑똑이는 눈을 크게 뜨며 소리쳤다.

그러나 병사들은 똑똑이가 화를 내도 눈 하나 꿈쩍하지 않고 굳게 길을 가로막았다. 그때 군관 하나가 소리치며 달려왔다.

"왕자님, 잠시만 기다려 주십시오!"

군관은 재빨리 품 속에서 종이를 꺼내 읽기 시작했다.

"명령이다. 왕자가 원규와 함께 진실의 나라로 향했다는 보고를 받았다. 왕자가 아직 어리고 지혜가 모자라니 왕자의 신변 보호를 위해 출국을 막을 것을 명한다. 지수왕."

똑똑이는 목을 길게 빼고 말했다.

"만약 내 실력이 많이 늘었다면, 또 명령을 듣지 않겠다면 어떻게 할 거지?"

그러자 군관은 두말없이 품 속에서 또 다른 종이를 꺼내 엄숙하게 읽어 내려갔다.

"명령이다. 만약 왕자가 자신의 능력 부족을 인정하지 않는다면 아래의 문제를 내라. 정답을 맞힌다면 풀어 주고 틀리면 국경 밖 출입을 막아라. 만약 왕자가 난동을 부린다면 강제로 궁으로 끌고 와도 좋다. 문제는 다른 종이에 있다. 지수왕."

똑똑이는 멍하니 서 있을 수밖에 없었다.

"이제 어쩌지? 아바마마께서 내시는 문제라면 내가 풀지 못할 게 뻔한데."

"자신감을 가져. 내가 도와줄게."

원규는 작은 소리로 똑똑이를 격려했다.

그 말을 들은 똑똑이는 어깨를 펴고 군관을 향해 말했다.

"아바마마의 명에 따라 문제를 내 보도록 해라. 맞히지 못하면 함께 궁으로 돌아가겠어."

군관은 헛기침을 하고 품 속에서 종이를 또 한 장 꺼냈다. 이

번 종이는 한 변이 30센티미터 정도 되는 사각형이었다. 군관은 주머니에서 가위를 꺼내어 똑똑이에게 건네주며 말했다.

"지수왕께서 내신 첫 번째 문제입니다. 가위로 이 종이에 구멍을 뚫어 몸을 통과시켜 보십시오."

"말도 안 돼! 이 종이는 내 머리 하나 통과하기도 모자란다고. 어떻게 몸을 통과시키라는 거야?"

똑똑이는 종이를 받아 머리에 대 보며 말했다. 그러나 곧 원규가 옆에서 눈짓하는 것을 보고는 얼른 말을 바꾸었다.

"물론 몸 전체를 통과시키는 게 매우 어렵지만 또 아주 불가능한 것도 아니지. 생각할 시간을 좀 줘."

원규는 종이를 흘낏 보는 척하며 똑똑이의 옆으로 다가갔다. 그러고는 군관이 한눈을 파는 사이를 틈타 쪽지 하나를 똑똑이에게 건넸다.

쪽지를 펼쳐 본 똑똑이는 활짝 웃으며 가위를 들어 'ㅁ' 모양으로 오려 나가기 시작했다(그림의 점선 부분). 그렇게 종이를 오린 다음 가운데를 펼치자 커다란 원이 되었고 똑똑이는 원 안으로 몸을 넣어 쉽게 통과할 수 있었다.

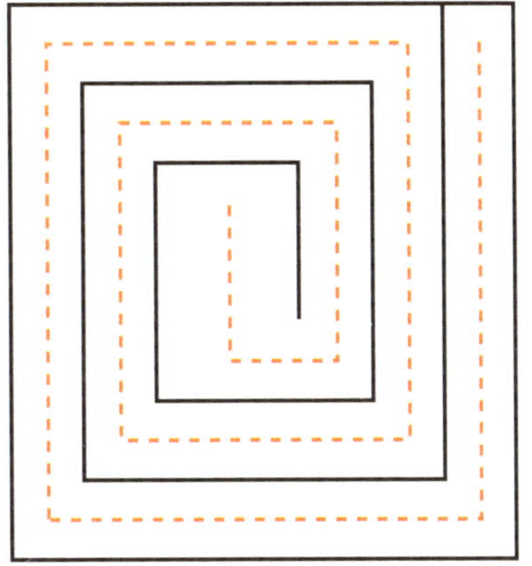

똑똑이를 지켜보던 군관은 놀라서 입을 쩍 벌렸다.

"이제 나를 국경 밖으로 보내 줄 테냐?"

똑똑이가 웃으며 물었다.

"아직 안 됩니다. 문제가 하나 더 있습니다! 두 번째 문제입니다. 샤오이와 에이크 왕자가 지금 무엇을 하고 있는지 알아맞혀 보십시오."

"농담이시겠지! 샤오이와 에이크 왕자는 지금 진실의 나라에 있는데 그들이 뭘 하고 있는지 내가 어떻게 알 수……."

거기까지 말한 똑똑이의 눈에 갑자기 미소가 어렸다.

"내가 어떻게 모를 수 있겠어? 샤오이와 에이크 왕자는 지금 곰보 중대장을 데리고 국경 검문소로 오고 있다."

똑똑이는 저쪽 멀리 어딘가를 바라보며 말했다.

"왕자님께서 답하신 시간과 내용을 적어 두었으니 지금 바로 진실의 나라에 전화해서 답이 맞는지 확인해 보겠습니다."

군관이 말했다.

"확인할 필요 없어요. 왕자님이 정확히 맞히셨으니까요. 보세요. 우리가 이렇게 왔잖아요?"

그렇게 말하며 검문소로 들어온 사람은 바로 샤오이였다.

군관이 고개를 돌려 보니 샤오이와 에이크 왕자가 곰보 중대장을 끌고 코앞까지 와 있었다.

"세상에! 어떻게 아셨지? 정말 정확하십니다. 왕자님!"

군관은 놀라움을 감추지 못했다.

　샤오이가 원규에게 에이크 왕자를 소개하고 원규는 샤오이에게 똑똑이를 소개했다. 한자리에 모인 네 소년은 서로 반가워하며 기뻐서 어쩔 줄 몰랐다.

　똑똑이가 에이크 왕자의 손을 잡으며 말했다.

　"아바마마께서 말씀하시길, 에이크 왕자는 멍청해서 왕위를 물려받지 못할 거라고 하셨습니다. 그런데 오늘 왕자를 만나 보니 잘생기고 총명한 소년이네요. 저보다 훨씬 낫습니다!"

　원규가 말을 받았다.

　"지수왕은 똑똑이 왕자가 모자란다고 한다지만 내가 봤을 때 왕자는 굉장히 현명한 사람이에요. 모자란 게 하나 있다면 지수왕 같은 못된 심보죠!"

　"하하하……."

그때 국경 검문소 안에 있던 지수왕이 걸어 나왔다. 사실 지수왕은 이미 한참 전부터 그곳에 있었다. 지수왕은 한쪽에서 고개를 푹 숙이고 서 있는 곰보 중대장을 향해 말했다.

"오, 곰보 중대장이 돌아왔구먼. 수고했네. 병사들은 어서 중대장을 쉬게 해 주어라."

병사 둘이 다가오자 원규가 한 발 앞서 말했다.

"잠깐만요! 우리 계산은 정확히 해야지요!"

"계산? 무슨 계산 말이냐?"

지수왕은 영 모르겠다는 눈치였다.

원규가 주머니에서 종이 한 장을 꺼내어 지수왕에게 건넸다.

"이걸 잊으신 건 아니겠죠?"

지수왕은 그제야 생각났다는 듯 웃으며 말했다.

"오호, 그렇지. 네가 말하지 않았으면 정말 잊을 뻔했구나. 곰보 중대장을 데리고 오면 수고비를 주기로 했었지. 금액에 상관없이 얼마든지 주마!"

원규는 지수왕이 적어 준 각서를 가리켰다.

"거기에 분명히 적혀 있죠. 첫째 날은 한 냥, 둘째 날은 두 냥, 그 후 매일 전날의 두 배씩 계산하기로 한 거 말이에요."

"좋다."

그러자 원규가 천천히 계산하기 시작했다.

"오늘은 제외하고 어제까지만 계산할게요. 저와 똑똑이가 여기까지 오는 데 30일이 걸렸거든요. 그럼, 첫째 날은 한 냥, 둘째 날은 두 냥, 셋째 날은 넉 냥……, 열흘째는 512냥이에요. 11일째 되는 날은 1,024냥이죠.”

지수왕은 별것 아니라는 듯 말했다.

“그래 봤자 천 냥이 조금 넘는군.”

원규가 계산을 계속했다.

“12일째 되는 날은 2,048냥……, 20일째 되는 날은 524,288냥.”

“뭐라고? 20일이면 50만 냥이 넘는다는 말이냐?”

지수왕의 이마에 식은땀이 배어 나오기 시작했다.

“21일째에 1,048,576냥……, 26일째에 33,554,432냥.”

원규가 다시 말을 이었다.

“그만!”

지수왕은 급기야 손수건을 꺼내어 이마에 흐르는 땀을 닦으며 말했다.

“26일째 되는 날에 이미 3,000만 냥이 넘는데 30일까지 계산하면 이 똑똑한 사람들의 나라 전체를 네게 주어야 할 판이지 않느냐!”

“그럼 여기까지만 계산해서 받도록 하

죠."

원규가 웃으며 말했다.

"3,355만 냥은 에이크 왕자에게 주세요. 진실의 나라의 아이들을 위해 쓰일 거예요. 나머지 4,432냥은 저와 샤오이가 집으로 돌아갈 때 경비로 쓸게요."

"하지만 지금 그렇게 큰돈을 어디서 구한단 말이냐."

지수왕은 주어야 할 돈을 조금이라도 깎아 보려고 버텼다. 그때 똑똑이가 다가오더니 지수왕의 속옷 주머니에서 돈을 꺼내며 말했다.

"아바마마께서는 항상 속옷 주머니에 4천 냥 정도를 가지고 다니시잖아요."

지수왕의 얼굴은 붉으락푸르락해졌다.

원규와 샤오이, 에이크 왕자는 똑똑이의 배웅을 받으며 집으로 향하는 길에 올랐다.

"벌써 두 사람과 헤어져야 하다니 너무 아쉬워요."

에이크 왕자가 서운한 얼굴로 말했다.

"다음에 또 만날 수 있을 거예요."

원규와 샤오이가 대답했다.

"똑똑한 사람들의 나라는 앞으로 어떻게 될까요?"

에이크 왕자가 물었다.

"똑똑이처럼 착한 왕자가 왕이 되면 반드시 좋은 나라가 될 거예요!"

 그렇게 대답하는 원규의 얼굴은 확신으로 가득 차 있었다. 곧 세 사람의 앞에 두 갈래 길이 나왔다. 원규와 샤오이도 작별 인사를 한 후 각각 한국과 중국으로 향했다. 에이크 왕자는 두 사람의 뒷모습이 지평선 너머로 사라질 때까지 바라보며 한참을 그 자리에 서 있었다.

 까까머리 소년 : 방정식

스님들이 길을 걷다 개 한 무리를 만났다. 스님과 개의 다리는 모두 460개, 머리는 190개이다. 스님은 몇 명이고 개는 몇 마리인가?

 **풀이**

개의 숫자를 x마리라고 가정하면 스님의 수는 $190-x$가 돼. 스님과 개 모두 머리는 하나니까 말이지. 그런데 개의 다리는 네 개이고 사람의 다리는 두 개니까 다음과 같은 방정식을 세울 수 있어. $4x+2(190-x)=460$, $4x+380-2x=460$, $2x=80$, $x=40$. 그러니까 개는 40마리, 스님의 수는 $190-x$, 즉 150명이구나.

- 1982년 국제 수학 올림피아드 4번 문제 〈방정식〉

 **2 늑대 밥이 되긴 싫어! : 명제**

세 개의 문이 있다. 그리고 각 문에 명제가 하나씩 적혀 있는 데 세 가지 중에 단 하나만 참이고 나머지는 거짓이다. 총은 어느 문에 있을까?

세 가지 명제는 다음과 같다.

1번 문 : 총은 2번 문에 없다.

2번 문 : 총은 여기에 없다.

3번 문 : 총은 2번 문에 있다.

 **풀이**

세 가지 명제 중에 단 하나만 참인 것을 꼭 기억하고 문제를 풀어야 해. 그러므로 1번 문의 명제 '총은 2번 문에 없다.' 와 3번 문의 명제 '총은 2번 문에 있다.' 는 상반된 내용을 주장하므로 둘 중 하나는 참이어야 해. 그런데 세 개 중에 단 하나만 진실이라고 했으니까 2번 문에 쓰인 '총은 여기에 없다.' 라는 명제는 당연히 거짓이 되는 거지. 즉 3번 문의 명제인 '총은 2번 문에 있다.' 가 참이니까 총은 2번 문에 있구나. 빵!

• 2010년 아시아 · 태평양 수학 올림피아드 4번 문제 〈명제〉

 금괴와 은괴는 몇 개? : 최소 공배수

어느 은행의 금고에 금괴 하나와 은괴 하나씩 짝을 지으면 은괴 하나가 남고, 금괴 하나와 은괴 두 개를 짝 지으면 금괴 하나가 남는다. 금괴와 은괴는 각각 몇 개가 있을까?

 풀이

첫 번째 조건에서 금괴 하나와 은괴 하나씩 짝을 지으면 은괴 하나가 남는다는 것은 금괴와 은괴의 총 합을 2로 나누면 1이 남는다는 말이야. 같은 방법으로 두 번째 조건에서 금괴 하나와 은괴 두 개를 짝 지으면 금괴 하나가 남는다는 것은 금괴와 은괴의 총 합을 3으로 나누어도 1이 남는다는 뜻이지. 따라서 금괴와 은괴의 총 합은 2와 3의 최소공배수에 1을 합한 숫자가 되는 거야. 최소공배수는 두 개 이상의 정수에 대해 공통되는 배수가 되는 최소의 자연수를 말해. 공통되는 수가 없는 서로소일 경우에는 각 수를 한 번씩 곱하면 되는데, 바로 2와 3의 경우이지. 그럼 $2 \times 3 + 1 = 7$이니까 금괴는 세 개, 은괴는 네 개가 있는 거네.

 개념확장!

• 1981년 국제 수학 올림피아드 4번 문제 〈최소공배수〉

 ## 4 곰보 중대장을 생포하라! : 방정식

어느 큰 절에 나이가 무척 많은 스님이 있다. 스님의 지금 나이는 7년 후 나이의 일곱 배에서 7년 전 나이의 일곱 배를 빼면 된다. 스님의 나이는 몇 세인가?

 풀이

우선 스님의 나이를 x라고 가정해서 방정식을 만들어 보자. 7년 후 나이는 $(x+7)$, 7년 후 나이의 일곱 배는 $7(x+7)$이 돼. 마찬가지로 7년 전 나이의 일곱 배는 $7(x-7)$이야. 7년 후 나이의 일곱 배에서 7년 전 나이의 일곱 배를 빼면 스님의 지금 나이가 나오니까 이를 식으로 정리하면, $7(x+7)-7(x-7)=x$가 되네. 계산해 보면 $7x+49-7x+49=x$, $x=98$. 스님의 나이는 98세야.

 개념확장!

• 1996년 한국 수학 올림피아드 5번 문제 〈방정식〉

5 수학 문제를 풀어야 발사되는 기관총 : 분수와 소수의 혼합 계산

괭장히 험하고 좁은 골짜기가 있고, 그 주변에 기다란 밧줄 하나가 있다. 밧줄을 세 등분 한 다음 꾹꾹 눌러 접어 자국을 냈다. 접은 밧줄의 한쪽 끝을 잡고 다른 쪽을 골짜기 아래로 내리다 보니 손에 쥔 쪽의 밧줄이 정수리에 올 만큼 남았을 때 다른 쪽 끝이 골짜기 바닥에 닿았다. 다시 밧줄을 끌어 올려 네 등분 한 다음 아래로 던졌다. 이번에는 밧줄이 팔의 길이만큼 남았다. 키가 1미터 60센티미터, 팔의 길이가 60센티미터라는 가정하에 밧줄을 이용하여 골짜기의 깊이를 재어 보아라.

풀이

우선 골짜기의 깊이를 알아내기 위해서 먼저 밧줄의 길이부터 알아야 해. 밧줄을 세 등분 했을 때, $\frac{1}{3} \times$밧줄의 길이=골짜기의 깊이 +1.6미터. 밧줄을 네 등분 했을 때, $\frac{1}{4} \times$밧줄의 길이=골짜기의 깊이+0.6미터. 이 두 가지 식을 빼면, $(\frac{1}{3} - \frac{1}{4}) \times$밧줄의 길이=1.6- 0.6. 밧줄의 길이=$(1.6-0.6) \div (\frac{1}{3} - \frac{1}{4})$=$1 \div \frac{1}{12}$=12(미터). 밧줄의 길이가 12미터인 것을 알았으니, 이제 골짜기의 깊이를 알아볼까?

골짜기의 깊이=$\frac{1}{3} \times$밧줄의 길이-1.6=$\frac{1}{3} \times 12$-1.6=2.4(미터)

골짜기의 깊이는 2.4미터였군.

• 2010년 아시아 · 태평양 수학 올림피아드 1번 문제 〈분수 계산〉

6 수학 문제를 풀어야 발사되는 기관총 : 원의 둘레

바퀴 크기가 다른 두 대의 자동차가 있다. 자동차의 앞바퀴에는 바퀴의 지름과 회전 속도가 적혀 있다. 바퀴가 큰 쪽은 지름이 0.6미터에 1초에 한 바퀴씩 회전하고, 작은 쪽은 지름이 0.4미터에 1초마다 두 바퀴씩 회전한다고 한다. 어느 자동차가 더 빠를까?

풀이

자동차의 속도를 구하는 문제야. 그런데 자동차 두 대의 바퀴 크기가 다르다고 했으니 바퀴가 1초에 얼마나 굴러가는지를 구하면 되겠지? 즉 바퀴의 둘레에 초당 회전 수를 곱하면 속도를 구할 수 있어. 원의 둘레를 구하는 공식은 $3.14 \times$ (지름)이야. 식으로 정리해 보면,

바퀴가 큰 자동차의 속도$=3.14 \times 0.6 \times 1=1.884$(미터/초)

바퀴가 작은 자동차의 속도$=3.14 \times 0.4 \times 2=2.512$(미터/초)

바퀴가 큰 자동차가 1초에 1.884미터를 가고 바퀴가 작은 자동차가 1초에 2.512미터를 간다고 하면, 바퀴가 작은 쪽이 더 빠르구나. 옳지!

• 1975년 국제 수학 올림피아드 5번 문제 〈원의 둘레〉

 수학 문제를 풀어야 발사되는 기관총 : 원기둥의 부피

어느 주유소에 모양이 다른 휘발유 통 두 개가 있다. 좁고 긴 모양의 원통은 반지름 0.2미터, 높이 0.6미터이고, 바닥이 넓고 길이가 짧은 원통은 반지름 0.3미터, 높이 0.3미터이다. 둘 중에 연료가 더 많이 들어 있는 쪽을 가져가야 한다. 어느 휘발유 통을 가져가야 할까?

 풀이

두 원통의 부피를 계산해서 비교해 보면 되겠지? 원통은 원기둥과 같은 거니까, 원기둥의 부피 구하는 공식은 $\pi r^2 h$=3.14×(반지름)×(반지름)×(높이)야. 즉 원의 넓이에 높이를 곱해 주면 돼.

좁고 긴 휘발유 통의 부피

=3.14×0.2×0.2×0.6=0.07536(세제곱미터)

넓고 짧은 휘발유 통의 부피

=3.14×0.3×0.3×0.3=0.08478(세제곱미터)

그럼 두 휘발유 통 중에 넓고 길이가 짧은 통을 가져가야겠군.

 개념확장!

• 1960년 국제 수학 올림피아드 6번 문제 〈원기둥의 부피〉

 **수학 문제를 풀어야 발사되는 기관총 : 소인수 분해**

숫자 기관총에는 왼쪽과 오른쪽에 각각 총알을 넣을 수 있는 공간이 있다. 주머니에는 10개의 총알이 들어 있고 각 총알에는 다음과 같은 번호가 적혀 있다. 21, 22, 34, 39, 44, 45, 65, 76, 133, 153. 기관총 왼쪽에 넣은 총알 다섯 개의 번호를 모두 곱한 값과 오른쪽 총알의 번호를 모두 곱한 값이 같으면 총알을 발사할 수 있다.

 풀이

우선 각각의 숫자를 소수의 곱으로 나타내 보자. 이를 소인수 분해라고 하고, 소수는 더 이상 나눠지지 않는 수를 말해. 10개의 숫자를 소인수 분해하여 양쪽이 같은 소수를 갖도록 나누면 돼.

왼쪽 $= 76 \times 21 \times 65 \times 22 \times 153$

$= (2 \times 2 \times 19) \times (3 \times 7) \times (5 \times 13) \times (2 \times 11) \times (3 \times 3 \times 17)$

$= 19 \times 17 \times 13 \times 11 \times 7 \times 5 \times 3 \times 3 \times 3 \times 2 \times 2 \times 2$

오른쪽 $= 34 \times 44 \times 45 \times 39 \times 133$

$= (2 \times 17) \times (2 \times 2 \times 11) \times (3 \times 3 \times 5) \times (3 \times 13) \times (7 \times 19)$

$= 19 \times 17 \times 13 \times 11 \times 7 \times 5 \times 3 \times 3 \times 3 \times 2 \times 2 \times 2$

즉 왼쪽은 76, 21, 65, 22, 153이고, 오른쪽은 34, 44, 45, 39, 133이 되는 거야.

 개념확장!

• 1985년 국제 수학 올림피아드 4번 문제 〈소인수〉